창의성과 과학의 만남

창의성과 과학의 만남

발행일   2016년 5월 12일

지은이   최완섭, 이영미
펴낸이   손 형 국
펴낸곳   (주)북랩
편집인   선일영   편집   김향인, 서대종, 권유선, 김예지, 김송이
디자인   이현수, 신혜림, 윤미리내, 임혜수   제작   박기성, 황동현, 구성우
마케팅   김회란, 박진관, 김아름
출판등록   2004. 12. 1(제2012-000051호)
주소   서울시 금천구 가산디지털 1로 168, 우림라이온스밸리 B동 B113, 114호
홈페이지   www.book.co.kr
전화번호   (02)2026-5777   팩스   (02)2026-5747
ISBN   979-11-5987-028-6 03500 (종이책)   979-11-5987-029-3 05500(전자책)

이 도서의 국립중앙도서관 출판예정도서목록(CIP)은 서지정보유통지원시스템 홈페이지(http://seoji.nl.go.kr)와
국가자료공동목록시스템(http://www.nl.go.kr/kolisnet)에서 이용하실 수 있습니다.
(CIP제어번호 : CIP2016011352)

성공한 사람들은 예외없이 기개가 남다르다고 합니다.
어려움에도 꺾이지 않았던 당신의 의기를 책에 담아보지 않으시렵니까?
책으로 펴내고 싶은 원고를 메일(book@book.co.kr)로 보내주세요.
성공출판의 파트너 북랩이 함께하겠습니다.

창의성과 과학의 만남

| 최완섭 · 이영미 지음 |

창의성에 대한 이해와 생활 속 불편을 해소하는 사소한 발명부터 특허출원에 이르기까지
눈덩이처럼 지식재산을 굴려 가는 모든 방법을 담았다!

북랩 book Lab

요즘 많은 영역에서 창의성을 강조하고 있지만, 아직 창의성에 대한 이해가 부족한 상태다. 이로 인해서 창의성에 대한 보편적인 오해가 존재하고 있다.

"지식이 많은 사람보다 자유로운 상상력과 반짝이는 아이디어를 많이 가진 창의성 있는 사람이 우대받는 사회가 되도록"이란 말을 많이 한다.

이 표현 속에는 창의성이 지식과 노력 없이 쉽게 얻어진다는 생각이 담겨 있다. 그러나 창의성은 지식이나 축적된 경험을 바탕으로 새로운 방법으로 사고하고, 새로운 해결책을 생각해낼 수 있는 능력이지, 무에서 유를 이루는 기적과 같은 것은 아니다.

이 책은 크게 세 영역으로 나누어 구성하였는데, 첫 번째 영역은 창의성에 대한 올바른 이해의 폭을 높이기 위하여 창의성에 대한 다양한 내용과 사례를 소개하였다. 두 번째 영역은 창의성을 키우는 방법을 소개하였다. 세 번째 영역은 전문적으로 창의성을 키우는 방법과 이를 이용하여 나온 결과를 지식재산으로 만들 수 있는 특허 출원 방법을 소개하였다.

이 책을 통하여 창의성에 대한 올바른 이해와 창의성 계발에 조금이나마 도움이 되기를 바란다.

저자 일동

차례

머리말 · 4

❶ 창의성과 노력 / 11

창의성의 정의 …………………………………… 12

창의성과 영감 …………………………………… 13

초기의 창의성에 대한 생각 …………………… 15

창의성은 천재의 전유물 ……………………… 16

창의성에 대한 생각의 변화 …………………… 17

창의적 사고과정 ………………………………… 19

창의성의 세부 요인 …………………………… 21

창의적 사고력 검사 …………………………… 24

TTCT 언어검사 ………………………………… 25

TTCT 도형검사 ………………………………… 27

❷ 창의성과 성격 / 31

내향적 성격 ……………………………………… 32

호기심 …………………………………………… 34

실패에 대한 두려움 …………………………… 35

엉뚱한 생각 ……………………………………… 37

연결 ……………………………………………… 38

❸ 창의성과 연결 / 41

인지적 측면에서 창의성 ·························· 42

정의적 측면에서 창의성 ·························· 43

뇌과학과 창의성 ······························· 45

창의성과 사고방식 ···························· 47

창의적 과정 ································· 50

발상의 전환 ································· 53

소음과 혁신적 사고 ···························· 55

새로운 경험의 연결 ···························· 57

❹ 창의성과 무의식 / 61

무의식의 중요성 ······························ 62

매카트니의 Yesterday ···························· 63

메리의 프랑켄슈타인 ·························· 64

뢰비의 신경신호 전달 ·························· 66

케쿨레와 벤젠 ······························· 68

워커와 발모제 ······························· 69

엘리아스와 재봉틀 ···························· 70

잭 니클라우스와 드라이버 ························ 72

라마누잔과 라마누잔 정리 ······················ 73

링컨과 그의 암살················· 75

❺ 창의성과 놀이 / 77

놀이와 창의성 …………………………………… 78

연결 놀이 ………………………………………… 79

약어 놀이 ………………………………………… 81

문장 만들기 놀이 ……………………………… 82

간접 단어 놀이………………………………… 83

없다면 놀이 ……………………………………… 84

두 배로 놀이……………………………………… 85

불완전한 도형 완성하기 ……………………… 86

❻ 창의성 계발 도구 / 89

브레인스토밍 …………………………………… 90

브레인스토밍의 4가지 규칙 ………………… 90

브레인스토밍의 7단계………………………… 92

마인드맵 ………………………………………… 97

마인드맵 표현 ………………………………… 98

스캠퍼 ………………………………………… 100

스캠퍼 적용 …………………………………… 100

❼ 트리즈와 특허 / 109

트리즈의 유래 ………………………………… 110

트리즈 적용 …………………………………… 112

❽ 창의적 생각과 특허 / 155

창의적 생각 …………………………………… 156

창의적 생각의 보호 ………………………… 157

창의적 생각 만들기 ………………………… 158

특허 출원하기 ………………………………… 160

특허의 요건 …………………………………… 160

아이디어 검색 ………………………………… 162

특허 등록하기 ………………………………… 163

출처 · 170

창의성과 노력

The artist begins with a vision — a creative operation requiring an effort.

– Henri Matisse –

창의성의 정의

창의성은 지능과 마찬가지로 개념 정의가 매우 어려운 정신능력 가운데 하나이면서 동시에 가장 매력적인 것이기도 하다. 이와 같은 이유로 창의성은 창의력, 창조성, 창조력, 독창성, 독창력 등과 같은 다양한 이름과 개념으로 사용되고 있다. 또한 창의성은 심리학, 과학, 기술, 신학, 사회학 등의 여러 학문 분야에서 연구되어 왔다.

아이젠크(Eysenck) 등의 심리학 사전에 의하면 창의성을 새로운 관계를 보는 능력, 비범한 아이디어를 산출하는 능력, 그리고 전통적인 사고 패턴에서 일탈하는 능력으로 정의하고 있다. 과학적인 관점에 의하면 창의성에 의한 결과물은 항상 독창성과 함께 적합성을 포함하고 있다.

창의성

이외에도 창의성에 대한 다양한 정의들 가운데 공통적, 핵심적으로 지칭되는 것은 새롭게 사고할 수 있는 능력, 새롭게 문제를 해결할 수 있는 태도를 포함하고 있다.

창의성에서 새로움이란 일반적으로 자신의 머릿속에 간직된 지식이나 축적된 경험을 바탕으로 새로운 방법으로 사고하고, 새로운 해결책을 생각해 낼 수 있는 능력이지, 무에서 유를 이루는 기적과 같은 것은 아니다.

즉, 창의성이란 발명이나 제품, 솔루션, 예술 작품, 문학 작품, 농담 등에서 새로운 생각을 찾아내거나 기존에 있던 생각을 새롭게 조합해 내는 것과 연관된 정신적이고 사회적인 과정을 의미한다.

창의성과 영감

창의성은 관심, 호기심, 신기함, 궁금함 같은 영감에 의해서 더불어 생긴다고 일반적으로 생각하고 있다. 창의성에 대한 학생들의 생각을 알아보기 위하여 포항공대 학생을 대상으로 창의성의 일반적인 특징에 대해 대립되는 두 가지 특성을 묶어 질문하였다.[1]

그 결과 대체로 창의성은 순간적인 영감으로 발현된다(65%), 창의성은 계발된다(62%)는 생각을 가지고 있는 것으로 나타났다. 즉, 창의성의 발현은 순간적으로 번뜩이는 영감에 기인한다는 대답과 꾸준한 노력으로 계발된다는 대답이 비슷한 비율을 보였다.

창의성과 영감

그러나 에디슨이 천재는 1%가 영감이고, 99%는 노력의 결과라고 말했듯이 많은 전문가들은 영감은 창의성의 일부분이고, 일생을 통해서 계속되는 꾸준한 노력으로 창의성을 계발시킬 수 있다고 생각한다. 따라서 노력을 통하여 기본적인 지식이 구조화된 다음에야 새롭고 좋은 아이디어를 만들어내는 창의성이 생길 수 있다.

초기의 창의성에 대한 생각

창의성의 개념에 대한 논의의 시초를 거슬러 올라가 보면, 고대 그리스 로마 시대부터 거론할 수 있다. 당시에 창조(Creatio)란 표현은 신이 무에서부터 유를 창조함을 의미하여 인간이 창의성을 발휘한다는 것은 신의 영역을 침해하는 행위로 시샘을 받는다고 생각해 왔다.[2] 즉, 미켈란젤로(Michelangelo)의 천지창조에서 보듯이 창의성을 인간의 영역이 아닌 신의 영역으로 생각하던 시기였다.

천지창조

당시 그리스에서는 창의성(Creatio)을 의미하는 단어는 사용되지 않았지만, 만드는(Poiein)을 의미하는 단어는 사용되고 있었다. 또한 유명한 철학자 플라톤은 화가와 시인은 외양을 모방하지만, 있는 그대로 정확하게 복제하지 않고 기존의 내용을 상상을 통해 새롭게 변형하고 조합한다고 하였다.

그러나 플라톤도 상상력을 신의 산물인 창의성으로 보지 않아서 창의성에 대한 생각이 현재와 많은 차이를 보이고 있다.

창의성은 천재의 전유물

르네상스는 대략 14세기부터 16세기까지 인본주의 철학을 기반으로 문화의 꽃을 피운 시대를 말한다. 이 시대부터 천재들의 작품을 통하여 신이 아닌 인간이 가지고 있는 창의성을 인정하기 시작하였다.

그 후 18세기 계몽주의 철학이 발전하면서 이성과 인간의 능력에 대한 인식은 더욱 강해졌다. 이런 사회적 분위기로 인하여 창의성에 대한 연구는 더욱 활성화되었고, 창의성과 상상력을 동일시하게 되었다. 또한 창의성을 신적 산물이라는 생각을 배제하고 인간이 지닌 요소인 유전적 산물로 간주하였다.

다빈치의 창의적인 생각

홉스(Hobbes)는 사물을 비교할 때 다른 사람이 보지 못하는 것을 관찰하는 능력을 상상력이라고 하였으며 인지기능 가운데 상상력을 주요 요소로 생각하였다. 홉스의 상상력의 중요성을 통하여 상상력의 전성시대가 되었음에도 다빈치(da Vinci), 갈릴레오(Galileo) 등 천재라 불리는 사람들의 창의성 있는 작품이나 연구물을 통해서 창의성을 천재들의 전유물로 생각하였다. 이런 이유로 인해 창의성은 당시의 사람들에게는 많은 관심을 받지 못하였다.

창의성에 대한 생각의 변화

1869년 골턴(Galton)은 유전적 천재(Hereditary Genius)[3]에서 지적 능력과 신체적 능력을 조사하기 위해 세계 최초로 설문 조사지를 개발하였고, 이를 통하여 우생학적 개념으로 지능은 유전되는 것임을 설명하였다. 이는 천재의 창의성에 대한 최초의 연구였다. 이를 계기로 창의성에 대한 연구는 뛰어난 예술가 및 과학자 등에 초점을 맞추었다.

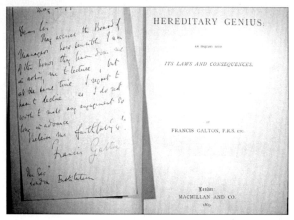

골턴의 유전적 천재

19세기 초는 정치·사회적 체제는 물론, 과학의 발전에 있어서 엄청난 변화의 시기였다. 1946년 프랑스에서 'Creativite'라는 단어가 만들어지고, 동시대 미국에서는 촘스키가 생성언어학에서 'Creativity'라는 단어를 처음 사용하면서 창의성은 천재들의 전유물에서 벗어나게 되었다.

1950년대에 들어서서 창의적 사고에 대한 연구가 좀 더 과학적인 양상을 띠게 되었다. 특히 창의성의 아버지라고 불리는 길포드(Gifford)는 창의성의 요인과 측정에 대해 활발한 연구를 하였다. 그의 연구는 창의성이 소수의 사람만이 가진 선천적인 능력이라는 고정관념을 바꾸고 개인에 따라 다소 차이가 있지만, 모든 사람들이 가지고 있는 능력이라고 생각하는 계기가 되었다.

최근에는 창의성이 유전적 산물보다는 개인의 인지적, 심리적 요인과 이의 작용에 영향을 미치는 사회적 환경과의 상호작용의 산물로서 얻어지는 것으로 이해되고 있다.

창의적 사고과정

최초로 창의적 사고 과정을 3단계로 설명한 당시의 유명한 과학자인 헬름홀츠(Helmholtz)는 1891년 다음과 같은 말을 하였다.

"이전에 이 방향, 저 방향에서 문제를 탐색한 후에 노력하지도 않고, 바라지도 않았는데 훌륭한 과학적 아이디어들이 나왔다. 이는 영감과 같은 것이다. 나에게 있어서 이 아이디어들은 내 마음이 피로해 있거나 책상에 앉아 있을 때는 결코 나타나지 않았다. 이 아이디어들은 쾌청한 날 나무가 많은 언덕을 천천히 오르고 있을 때 이미 준비되어 있었던 것처럼 나타났다."

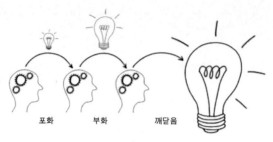

포화   부화   깨달음

헬름홀츠 창의적 사고과정

　헬름홀츠는 창의적 사고 과정은 객관적인 정보를 끌어모으는 포화 단계를 거쳐, 무의식적으로 수집한 정보들에 대한 생각을 심화하는 부화 단계를 거친 후 정보들을 새로운 방식으로 조합함으로써 획기적인 발견을 이끌어내는 깨달음 단계에 이르게 된다고 하였다.[4]

　1908년 프랑스 수학자 푸앵카레(Poincare)[5]는 여기에 네 번째 단계에 창의적 아이디어를 과학적 차원에서 엄격하게 점검하는 검증 단계를 추가하였다. 이들의 창의성에 대한 연구를 통하여 창의성이 많은 사람들이 관심을 받기 시작하였고, 창의성에 대한 연구도 활발히 전개되었다.

준비   부화   발현   검증

월라스의 창의적 사고과정

1926년 왈라스(Wallas)[6]는 헬름홀츠의 창의적 사고과정을 기초로 하여 창의적 문제 해결 과정을 4단계로 설명하였다.

주어진 문제를 다각도로 검토하고 분석하는 준비단계를 거쳐, 휴식이나 다른 활동을 하면서 무의식적으로 문제에 대해 검토해 보는 단계로 해결책이 떠오르는 기간이 짧게는 몇 분에서 몇 달 또는 몇 년이 지나는 경우가 있는 부화단계에 이르게 된다고 하였다. 충분한 부화단계를 거치면 갑자기 나타나는 직관이나 통찰의 형태를 띠는 발현단계를 거쳐 해결책을 객관적으로 검증하고 조합하는 검증단계를 맞게 된다고 하였다.

창의성의 세부 요인

창의성이 영역 의존적인 특성을 가지고 있다는 주장들과 함께 과학에서는 구체적으로 과학적 창의성을 이루는 구성요소에는 무엇이 있는지에 대한 논의가 있어 왔다.

창의성을 인지적 측면으로 보는 시각에서는 비록 학자들에 따라 조금씩 견해를 달리하고 있지만 공통적으로 중시하는 창의성의 구성요인은 유창성, 융통성, 독창성 그리고 정교성이다. 이 4가지 요인을 자세히 살펴보면 다음과 같다.

유창성

유창성은 사고의 속도 개념으로 한 가지 종류에 대해서 제한된 시간 내에 가능한 많은 아이디어를 생각해 내는 능력을 말한다. 예를 들어 "△ 하면 떠오르는 것은?"이라는 질문에 대하여 5가지를 생각해 내는 것이 3가지를 생각해 내는 경우보다 유창성이 뛰어나다고 할 수 있다. 유창성은 일상의 물건을 새롭게 사용할 수 있는 방법들을 주어진 시간 내에 가능한 대로 많이 생각해 보게 하는 방법으로 개발될 수 있다.

융통성은 익숙한 방법이나 물건을 다른 시각에서 보려고 노력하는 태도로 가능한 여러 관점에서 아이디어를 나타내는 사고의 폭을 말한다. 이때 아이디어는 다듬어져 있지 않지만, 가치 있는 아이디어를 위한 시작이 될 수 있어야 한다. "□ 하면 떠오르는 것은?"이라는 질문에 대하여 자동차, 박스, 버스, 냉장고, 등 쉽게 떠오르거나 비슷한 종류로 한정되지 않고, 거미, 컵, 지구본, 공룡의 몸 등 다양한 종류를 떠올릴 수 있을 때 융통성이 뛰어나다고 할 수 있다.

예로 겨울철의 대표적인 별자리로 황도 12궁 중 제2궁에 속한 황소자리 이야기가 있다. V자형의 히아데스성단을 보고 황소의 얼굴, V자형의 두 갈래 베타(β)별과 제타(ζ)별을 두 개의 뿔 끝으로 생각하는 것이다.

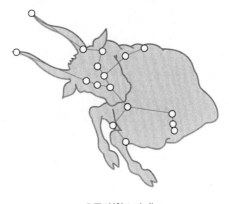

융통성(황소자리)

독창성은 사고의 새 도움의 개념으로써 독특한 시각적 관점에서 아이디어나 물건을 보는 능력을 말한다. 발명가에게 무엇보다 중요한 능력으로 기존의 것에서 벗어나 참신하고 독특하며 기발한 아이디어를 이용하는 것을 말한다.

하나의 우주를 생각하고 있던 물리학자들에게 여러 개의 우주가 동시에 존재한다는 다중우주론이 기존의 생각에서 벗어나 다분히 공상 과학적인 주제였다. 그러나 지금은 초기우주를 이해하는 데 매우 중요한 개념으로 인정받고 있다.

다중우주론[7]

정교성은 다듬어지지 않은 아이디어를 보다 쓸모 있게 다듬을 수 있는 능력을 말한다. 예를 들면 어린아이의 '손으로 전화기를 들지 않고 말만 하면 전화를 받을 수 있다'는 생각을 다듬어 발명으로 연결하였다면 이것은 정교성을 발휘한 경우다.

창의적 사고력 검사

창의적인 인지 능력을 측정할 때 확산적 사고력의 주요인인 유창성, 융통성, 독창성 등을 측정하는 경향이 일반적이다. 확산적 사고에 기초하여 창의적 인지 능력을 측정하는 대표적인 검사로 토랜스(Torrance)의 창의적 사고력 검사(TTCT)가 많이 사용된다.

토랜스는 길포드의 창의성에 관한 이론을 발전시켰고, 아동을 대상으로 한 창의성 검사를 개발하는 데 관심을 가졌다. 그는 아동의 흥미를 유발시킬 수 있는 재미있고, 구체적인 문항들로 구성된 검사 도구를 만들었다.

검사 도구에 어떤 활동 과제들을 포함시킬 것인지를 결정하기 위하여 예비 검사를 실시하였고, 검사에서 얻은 자료를 분석한 결과 언어 과제와 도형 과제에서 아주 상이하게 나왔다.

분석한 결과를 바탕으로 만들어진 토랜스 창의적 사고력 검사는 6문항의 언어 검사와 3문항의 도형 검사로 구성되었고, 90분간 측정하게 된다.

TTCT 언어검사

언어 검사의 처음 세 문항은 그림을 보면서 답하는 것이다.

토랜스 언어검사

질문하기: 제시된 하나의 모호한 그림을 보고 어떤 일이 일어나고 있는지를 확실히 알기 위하여 물어볼 필요가 있는 질문들을 적어 보게 하기. (제한시간 5분)

원인 추측하기: 그림에서 일어나고 있는 일이 벌어지기 전에 일어났을 것 같은 원인을 가능한 한 많이 나열해 보게 하기. (제한시간 5분)

결과 예측하기: 그림에서 일어나고 있는 일의 결과로 앞으로 일어날 가능성이 보이는 것을 가능한 한 많이 나열해 보게 하기. (제한시간 5분)

이렇게 구성되어 있다. 나머지 세 문항은 다음과 같다.

작품 향상시키기: 장난감 코끼리와 그것을 그린 그림을 보여 주고 이것을 학생들이 보다 더 재미있게 가지고 놀 수 있는 것으로 바꾸거나 향상시킬 수 있는 방법들을 나열해 보게 하기. (제한시간 10분)

독특한 용도: 빈 마분지 상자를 재미있게 그리고 독특하게 쓸 수 있는 용도들을 가능한 많이 나열해 보게 하기. (제한시간 10분)

가상해 보기: 구름에 달린 많은 줄이 아래 지면까지 늘어뜨려 있다고 가상하고 실제로 일어난다면 어떤 일들이 일어날 것 같은지를 추측해서 나열해 보게 하기. (제한시간 5분)

TTCT 도형검사

그림 구성하기: 도형검사는 곡선 모양의 형태를 하나 제시하고 이것이 일부가 되는 어떤 그림이나 물건을 생각해 보고 거기에다 아이디어들을 계속 더하여 재미있는 이야기로 구성하기. (제한시간 10분)

무엇일까요?

그림 완성하기: 10개의 불완전 도형들을 제시하고 될 수 있는 대로 이야기가 완전하고 재미있는 물건이나 그림을 그리기. (제한시간 10분)

그림 완성하기

선 그리기: 쌍을 이루고 있는 두 개의 직선을 세트(Set)로 30개를 제시하고 원하는 대로 선들을 더 그려 넣어 어떤 물건이나 그림을 될 수 있는 대로 많이 생각해 보는 선 더하기. (제한시간 10분)

선 그리기

시작 도형	완성그림	
	창의성 높음	창의성 낮음
사용하기		
결합하기		
완성하기		

토랜스 도형검사[8]

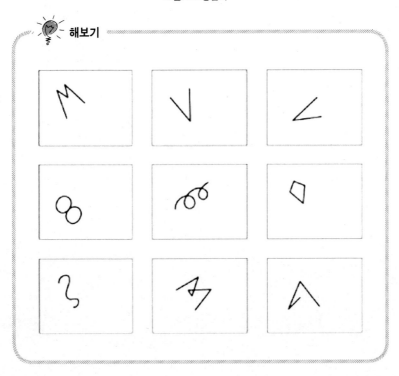

💡 **해보기**

창의성과 성격

Be alone, that is the secret of invention; be alone, that is when ideas are born.

– Nikola Tesla -

내향적 성격

심리학자들은 사람을 구별하고 신뢰성 있게 측정할 수 있는 가장 안정적인 성격 특성으로 외향적인 성격과 내향적인 성격을 들고 있다.

보편적으로 내향적인 성격을 가지고 있는 사람은 어떤 말을 하기전에 먼저 생각하고, 말하기보다 듣는 것을 좋아하여 행동 중심적이기보다는 사고 중심적이다. 이러한 이유에 의하여 내향적인 성격을 가지고 있는 사람은 외향적인 성격을 가지고 있는 사람에 비해 창의적인 결과물을 더 만들어 낸다고 한다.[9]

오바마, 스티브 잡스, 만델라, 워런 버핏, 빌 게이츠, 케네디, 링컨, 아인슈타인, 에디슨, 스필버그, 주커버그, 이건희와 안철수도 내향적 성격의 소유자로 알려졌다.

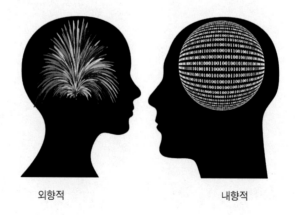

외향적   내향적

버락 오바마(Barack Obama): 조용하고 낯가리는 내향적 성격을 가졌다고 알려진 오바마는 신중한 언행은 힘겨운 선택의 순간에서 많은 도움을 주었다고 한다. 오바마는 타고난 내향적인 성격에, 사회운동과 정치를 하며 기른 후천적 외향성을 더해 대통령으로 성장할 수 있었다.[10)]

스티브 잡스(Steve Jobs): 어린 시절 잡스는 사람들과 거리를 두며 대부분의 시간을 집에서 지낼 정도로 내향적이었지만, 도전하는 면에서는 매우 적극적이었다. 그의 부족한 부분을 메워 줄 외향적인, 팀 쿡을 만나 아이폰이 탄생했다.[11)]

넬슨 만델라(Nelson Mandela): 자서전에서 자신이 어린 시절부터 내향적이었으며 외향적이던 친구와 상당히 달랐다고 이야기한다. 그는 다른 외향적 리더들과 달리 진정한 리더는 앞에서 이끄는 게 아니라, 뒤에서 밀어주는 사람이라고 하였다.

"나는 오래달리기의 규율과 사색을 즐겼다. 그것은 나에게 학교생활로부터의 도피를 허락해 줬다."

워런 버핏(Warren Buffett): 수줍음이 많고 내향적인 성격을 가졌던 그는 아무도 신경 쓰지 않던 이발소 대기 시간에 주목했고, 17세 때 이발을 하러 온 손님들이 기다리는 시간에 게임을 하도록 핀볼 게임기 대여 사업을 시작하였다.[12)]

호기심

번개와 전기의 유사성은 뉴턴을 비롯한 여러 과학자가 예견했지만, 어느 누구도 위험한 실험을 시도하지 않았다. 그러나 프랭클린(Franklin)은 번개가 전기 현상이라는 호기심을 해결하기 위하여 1752년, 금속 도선으로 된 연줄에 연을 매달고 연줄 끝에는 금속으로 만든 열쇠를 매달아 연을 날리는 실험을 하였다.

그의 실험 내용을 보면 천둥과 번개가 치던 어느 날 전기가 연줄을 타고 흘러 금속으로 만든 열쇠를 대전시켰고, 손가락을 열쇠에 살짝 대자 레이덴병을 만졌을 때처럼 퍽 하고 불꽃이 튀며 손가락에 짜릿한 통증을 느꼈으며 열쇠를 초인종에 대어서 연줄을 통해 흐르는 전류로 초인종을 울리는 데 성공했다고 한다.

이 연 실험은 비공개로 진행되었기 때문에 실제 실험이 이루어졌는지에 대해 의문이 제기되기도 했지만, 진위 여부를 떠나 전기학의 역사에서 가장 유명한 실험이 되었다.

The morning question, What good shall I do this day?	5	Rise, wash, and address *Powerful Goodness;* contrive day's business and take the resolution of the day; prosecute the present study; and breakfast.
	6	
	7	
	8	
	9	Work.

프랭클린의 플래너[13]

다초점 렌즈도 프랭클린의 대표적인 발명품 중 하나고, 왼쪽에는 큰 단위의 시간을 적고, 오른쪽에는 작은 단위의 시간을 적는 철저한 시간 관리 프로그램으로 유명한 프랭클린 플래너도 그의 수첩에서 비롯된 것이다.

실패에 대한 두려움

에디슨은 수많은 실패를 거쳐서 전구를 발명하였다. 그의 실패를 지켜본 기자가 "수많은 실패를 했을 때 기분이 어땠나요?"라고 묻자 에디슨은 이렇게 답했다. "실패라니요? 나는 실패한 적이 없습니다. 수많은 불이 들어오지 않는 경우를 발견하였습니다." 그는 자신의 생각이 왜 틀렸는지 수없이 많이 생각한 것이다.

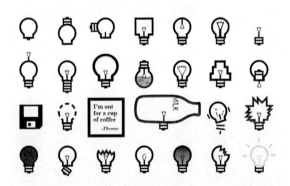

"나는 실패하지 않았다. 단지, 만 번의 작동하지 않는 경우를 발견했을 뿐."
에디슨의 실패에 대한 생각

마윈(Mǎ Yún)은 젊었을 때는 취업이 되지 않아 KFC 매장 매니저를 비롯해 여러 군데 지원서를 냈지만 모두 거절당하였고, 1995년 이후 인터넷 시대가 올 것을 예감하고 인터넷 사업을 시도했으나 실패하였다. 1999년, 직원 17명과 창업한 알리바바는 창업 초기 한 건의 거래도 성사시키지 못하며 좌초 위기에 빠지기도 하였다.

그러나 이들의 사례처럼 창의적인 사람은 실패를 두려워하지 않고 실패하는 그 순간에도 확신을 버리지 않으며 실패한 뒤에도 다시 일어나 재기하였다.

최근 삼성전자는 직원들의 자발적 연구 프로젝트인 C-Lab(Creative Lab)[14]의 우수 과제를 선정해 스타트업 기업 설립을 돕고 있다. 이는 창의적인 아이디어를 발굴해 각자 별도 회사로 독립할 수 있도록 초기 창업 비용과 사업 컨설팅을 지원하고, 경영 및 기술 노하우도 전수하고, 이들이 실패하더라도 재입사를 허용하는 프로그램이다. 이는 실패로부터 언제나 뭔가 귀중한 것을 건질 수 있다고 믿기 때문이다.

삼성전자 C-Lab

엉뚱한 생각

엉뚱한 생각이란 남들이 하지 않는 생각을 하는 것이다. 예를 들면, 상식의 틀을 깨거나 남다른 관점으로 보는 것이다. 상식의 틀을 깨는 엉뚱한 생각으로 창의성을 발현한 경우는 얼마든지 있다.

2014년 노벨상을 받은 나카무라 슈지는 대학 졸업 후 중소기업에 다니며 여러 논문을 보고, 종래의 방식으로 열심히 제품을 만들었다. 그러나 그것은 다른 사람이 한 것을 흉내낸 것이어서 제품은 팔리지 않았다. 결국 입사 10년이 되던 1988년, 20세기 안에는 만드는 게 불가능하다고 여겨지던 청색 LED를 개발해 보겠다고 생각한 후, 500번 넘는 시행착오를 거듭한 끝에 1993년 청색 LED를 개발하였다.

1470년대 다빈치가 베로키오의 제자로 있을 때, 클레디와 합작으로 그린 수태고지라는 작품이 있다. 이 그림을 정면에서 보면 테이블은 튀어나오고, 마리아의 오른팔은 길고 뚱뚱하며, 천사 가브리엘도 뚱뚱하게 보인다.

수태고지

그러나 그림을 오른쪽 측면에서 위로 올려 바라보면 모든 것이 정상으로 돌아온다. 다빈치는 소실점이 한곳에 모이지 않아 당시에 널리 사용되던 원근법이라는 상식의 틀을 깨고, 미사에 참석하기 위하여 성당을 찾은 신자들이 제단의 오른쪽에서 올려다볼 것을 고려하여 남다른 관점에서 그렸던 것이다.

연결

데니스 홍(Dennis Hong)은 미 해군으로부터 걷는 로봇을 만들어달라는 의뢰를 받았다. 고민하던 중 예전부터 각종 아이디어를 메모해둔 노트에서 학생 시절 공원에서 딸의 머리를 땋아 주는 엄마의 모습을 유심히 관찰하며 세 갈래로 매듭을 묶는 원리를 스케치한 메모를 보게 되었다. 거기서 영감을 받아 다리 세 개로 움직이는 스트라이더(STriDER)를 개발하였다. 미국 최초의 휴머노이드 로봇인 찰리의 이중 관절도 미국 자연사 박물관에 전시돼 있던 사슴 화석의 무릎 구조를 본떠 만든 것이다.

카이스트의 배상민은 오래
전 미국 유학 시절 메모해
두었던 단 한마디, "오늘 에
마가 죽었다."라는 문장을
보고 화분을 직접 키우며
물을 주는 것조차 잊어버렸

데니스 홍과 스트라이더[15]

던 경험을 연결하여 오뚝이 형태의 롤리-폴리 화분을 개발하였다. 오
뚝이처럼 생긴 이 화분은 식물이 필요로 하는 물의 양을 설정하고
물을 주면 화분 내부의 무거운 부분과 물탱크 부분의 무게가 균형을
이뤄 서 있게 된다. 시간이 흘러 화분에 물이 줄어들면 물탱크 부분
의 무게가 가벼워지고 무게의 균형이 흐트러지면서 화분이 기울어지
는 원리다.

롤리 폴리 화분[16]

창의성과 연결

Creativity is just connecting things.

– Steve Jobs -

인지적 측면에서 창의성

일반적으로 인지란 인식으로도 번역되며, 사물을 알아보고 그것을 기억하며 추리해서 결론을 얻어내고 그로 인해 생긴 문제를 해결하는 등의 인간의 지적 사고의 과정 전체를 의미한다. 창의성 연구의 초기에는 창의성의 구성요소를 주로 인지적 측면으로만 설명하였다.

그러나 지금까지의 창의성과 일반적인 인지 능력을 나타내는 지능지수의 상관관계를 연구한 연구결과에 의하면 지능지수가 110~120까지는 지능이 높을수록 창의성이 높았다. 그러나 그 이상의 지능부터는 그 관계가 훨씬 더 복잡하고 임의적이었다.[17)]

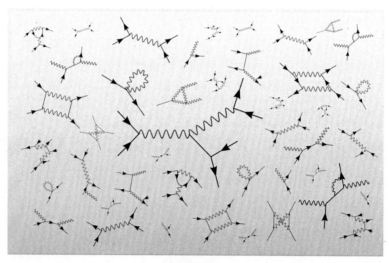

파인만 도표

오늘날 많은 이론 물리학자들이 사용하는 파인만 도표와 같은 천재적 발상을 한 물리학자이며, 노벨상 수상자인 파인만(Feynman)의 지능지수는 125였다. 또한 DNA의 이중나선 구조를 발견한 왓슨(Watson)과 크릭(Crick)의 지능지수도 각각 124, 115 정도인 것을 보면 창의성을 인지적인 측면으로만 생각하기에는 무리가 있다. 이러한 변화에 맞추어 최근에는 창의성의 구성요소에 인지적 측면과 정의적 측면을 포함시키고 있다.

정의적 측면에서 창의성

정의적 측면은 감정이나 정서를 나타내는 전형적 속성으로 창의적 활동의 출발점인 호기심, 개방성 그리고 인내심 등이 있다.

호기심은 새로운 것을 알고 싶어 하는 행동들의 원인이 되는 성향으로 마음속에서 일어나는 내적 자극이며 자신이 알고 있던 세상의 정보에 새로운 자극이 연결될 때 나타나게 된다. 아인슈타인도 자신이 창의적인 생각을 할 수 있었던 것은 특별한 재능을 가지고 있었기 때문이 아니라, 다만 호기심이 많았을 뿐이라고 말하였다.

또한 기존 사업 영역에 대한 강한 애착으로 낮은 개방성을 보여 주는 닌텐도는 스마트폰 게임의 위협을 인지하였음에도 자사가 익숙한 영역에만 집중하는 전략을 채택하였다. 닌텐도가 폐쇄적 전략을 유지하는 동안 스마트폰 게임의 콘텐츠도 닌텐도 전용 콘텐츠와는 비교도 안 될 정도로 다양해져 앞으로도 닌텐도의 게임기는 스마트폰 게임에 대항하기가 쉽지 않아 보인다.

인지와 감정

인내심은 자신이 성취하고자 하는 일에 있어 어려움이 있더라도 포기하지 않고 과제를 끝까지 해내려는 성향으로, 과제 집착력으로도 설명될 수 있다. 아인슈타인은 1907년에 지붕에서 떨어지는 물체가 동시에 운동과 정지 상태에 있을 수 있다는 생각을 했지만, 이로부터 일반 상대성이론을 완성하기까지는 8년이라는 세월이 필요했다. 뉴턴이 중력을 발견한 것도 1660년대 중반, 1679~1680년, 그리고 1684년 여름부터 30개월간의 지속적이고 집중적인 연구 과정의 산물이었다.

뇌과학과 창의성

뇌는 신경세포가 하나의 큰 덩어리를 이루고 있으면서 동물의 중추 신경계를 관장하는 기관으로 온몸에서 받아들여지는 자극을 인식, 해석하고 이에 대해 적절히 반응하도록 온몸의 장기에 명령을 내려보내는 역할을 한다.

뇌는 크게 대뇌, 소뇌, 뇌간의 3부분으로 구분한다. 대뇌는 주름이 많이 있고, 100~140억 개 정도의 신경세포가 있어 외부로부터의 자극을 느껴 반응하게 된다. 또한 대뇌는 기억, 감정, 판단 등의 정신적인 활동도 함께하고 있다.

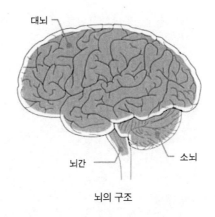

뇌의 구조

뇌 과학에 의하면 사람의 대뇌는 양쪽으로 나누어져 있으며, 대뇌의 좌측을 좌반구 좌뇌, 우측을 우반구 우뇌라고 한다.

19세기 후반에 언어의 기능을 담당하는 두 개의 대표적인 언어영역이 있다는 것을 알게 되었다. 그중 하나는 브로카(Broca)영역이라고 하는 언어의 표현에 관여하는 부위이고, 다른 하나는 베르니케(Wernicke)영역이라고 하는 언어의 이해에 관여하는 부위로 두 영역이 모두 좌뇌에만 위치한다는 것이 밝혀졌다.

이를 통하여 인간의 좌뇌와 우뇌가 전적으로 다른 기능을 담당한다는 생각을 하게 되었다. 1960년대에 양 뇌를 연결하는 신경 다발을 잘라낸 환자들의 사고와 행동을 관찰하면서 뇌과학자들은 좌뇌와 우뇌가 기능적 차이가 있다는 점을 알게 되었다.

일반적으로 좌뇌는 선택된 아이디어에 대해 실행 계획을 세우는 것과 같이 이성적인 인식을 담당하고 있다. 즉, 발견한 문제에 대해 의문을 가지고 해결하려고 하거나, 생성된 아이디어 중 어떤 아이디어가 가정 적합한 아이디어인지를 분석한다. 반면 우뇌는 아이디어를 생각하거나, 계획된 아이디어를 다른 사람들에게 공감하고 설득하는 등 감성적인 인식을 담당한다.

좌뇌와 우뇌의 역할

창의성은 우뇌의 역할로만 생각하는 경우가 많다. 그러나 새로운 방법으로 사고하고, 새로운 해결책을 생각해 낼 수 있는 능력으로의 창의성은 좌뇌와 우뇌의 상호작용이라고 할 수 있다. 대표적인 창의성을 발휘한 아인슈타인은 논리적인 물리학자지만, 취미로 콘서트에서 바이올린을 연주할 정도의 실력을 갖추고 있었다. 따라서 창의성을 높이려면 좌뇌와 우뇌를 동시에 조화롭게 발달시키는 것이 필요하다.

창의성과 사고방식

과학 철학에 큰 업적을 남긴 토마스 쿤(Thomas Kuhn)은 1962년에 출간된 과학혁명의 구조에서 과학적 발전은 지식의 축적에 따라 귀납적이거나 순차적으로 이뤄지는 것이 아니라 기존의 이론과 양립 불가한 새로운 이론의 출현으로 과학적 패러다임의 부분적 전환, 또는 대이동의 혁명적 방식으로 이뤄진다고 하였다.

쿤의 이러한 생각은 1543년 코페르니쿠스가 종래의 천동설을 뒤엎고 지동설을 주장함으로써 근대의 새로운 과학적 사고방식의 지평을 연 것처럼 근본적으로 과학의 발전을 누적적으로 보는 전통적 과학관을 뿌리째 뒤엎는 것이었다.

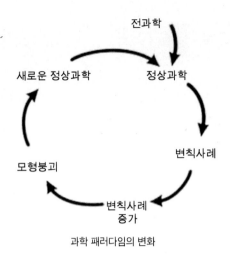

과학 패러다임의 변화

또한 쿤은 인간의 사고방식을 수렴적 사고와 발산적 사고로 나누었다. 수렴적 사고는 자신의 속한 사회에서 일반적으로 통용되는 패러다임에 맞추어 문제를 풀려는 사고방식이고, 발산적 사고는 기존 패러다임의 틀을 벗어나는 문제를 풀려는 사고방식이라고 하였다.

화가들이 그림을 그리거나 시인들이 시를 쓸 때 최선의 것을 선택하기 전에 문제 해결을 위해 새로운 시각으로 보는, 즉 여러 가지 답이 가능한 확산적 사고를 하게 된다. 이에 반해서 과학자들은 여러 가능성 중에서 지식과 논리적 판단과 추론을 사용하여 한 가지 답으로 수렴되는 수렴적 사고를 하게 된다. 따라서 예술가에게 요구되는 창의성은 주로 확산적 창의성인데 반해, 과학자에게 요구되는 창의성은 주로 수렴적 창의성이라고 할 수 있다.

그러나 예술가는 확산적 창의성, 과학자는 수렴적 창의성으로 이분하는 것은 다소 무리가 있다. 쿤에 따르면 실제로 창의적인 연구가 성공적으로 이뤄졌던 사례를 살펴보면 창의적인 연구는 자유로운 상상력이 결정적 요인으로 보이지만, 자유분방한 상상력이 여러 방식에 의해 조절되고 제한된 경우가 생산성이 더 높았다고 하였다.

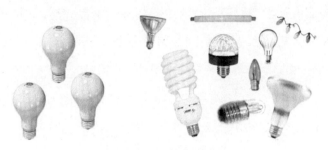

수렴적 창의성과 확산적 창의성

따라서 창의성은 수렴적 사고와 확산적 사고로 분리되어 기능할 수는 없으며, 서로 보완관계로 광의의 창의성은 확산적 창의성과 수렴적 창의성을 모두 포함한다고 볼 수 있다.

20세기의 가장 위대한 화가라는 피카소는 중세부터 근대에 이르기까지 천재들의 그림을 지속적으로 모방해 그렸다. 이는 수렴적 사고를 익힌 것이라고 할 수 있다. 그러면서도 피카소는 자신이 그림을 그릴 때는 모방한 대상을 잊기 위해 의식적으로 노력했다고 한다.

창의적 과정

예술가가 만남이나 경험을 통하여 새로운 작품의 세계를 여는 것과 같이 과학자는 새로운 발견이나 자료를 통하여 새로운 과학이론을 만들어낸다. 이때 예술가나 과학자는 창의성을 바탕으로 수집된 자료를 참신한 방식으로 구성하게 된다. 그러면 자료들은 단순한 조합을 넘어서 새로운 한편의 그림 또는 과학 논문이 될 수 있다. 따라서 예술가와 과학자의 창의적 과정은 유사성을 가지고 있다고 볼 수 있다.

그러나 예술가는 풍부한 감수성이라는 도구를 이용하여 인간 내면의 희로애락을 다층적으로 읽어내지만, 과학자는 관찰력이라는 도구를 이용하여 쉽게 간과되는 경험적 증거들을 세세히 읽어낸다.

아비뇽의 처녀들

이러한 창의적 과정의 차이 때문에 사람들은 피카소(Picasso)가 입체주의의 효시가 된 20세기 최대의 걸작으로 평가되는 아비뇽의 처녀들을 창작했다고 이야기한다. 반면, 왓슨과 크릭은 20세기 최대의 생물학적 업적으로 인정받는 DNA의 이중나선 구조를 발견했다고 이야기한다.

왓슨과 크릭이 아니더라도 세포의 DNA 구조는 여전히 존재해 왔다. 반면에 피카소의 아비뇽의 처녀들은 피카소의 놀라운 창의성이 개입되어 작품이 새로운 존재로 변환하게 되고, 피카소가 없으면 아비뇽의 처녀들이라는 위대한 창작물은 존재하지 않는다.

과학적 창의성은 과학자가 독립적으로 외부에 존재하는 사물을 관찰하고 분석하는 객관적 과정이다. 과학자는 창의적 과정을 통해 연구 대상을 새로운 존재로 바꾸진 않기 때문에 존재하는 사물이나 현상의 발견이라고 볼 수 있다. 과학적 발견은 콜럼버스가 미국 대륙을 발견하는 것과 같이 이미 존재하는 사물이나 현상의 단순한 발견에서부터 과학자의 창의적 추론과 구조화 단계를 거쳐야 하는 발견에 이르기까지 다양한 형태가 존재한다.

이러한 차이점이 있지만, 1949년 플랑크(Planck)는 과학의 선구자는 반드시 예술적으로 창의적 상상을 해야만 한다고 기술하면서 예술적 성향이 과학적 성공에 있어 매우 중요한 요소라는 사실을 강조했다. 2004년 번스타인(Bernstein)은 예술적 성향이 과학적 창의성과 상관적 관계를 보이며, 예술적 취미활동이 과학에서의 성공을 예견한다고 주장하였다.

블랙홀

    강한 중력으로 모든 것을 빨아들여 빛조차 탈출할 수 없는 블랙홀의
존재를 예측한 것도 바로 우리가 매일 느끼는 중력 현상을 새로운 시각
으로 접근한 상상력에서부터 출발했다. 1783년 과학자 미셸(Michell)은
보통의 별들과 달리 강한 중력에 의해서 빛을 내지 않는 별이 있을 것
이라고 생각하였고, 그 별을 검은별 (Dark Star)이라는 이름을 붙였다. 미
셸의 창의성에서 탄생한 이 검은별이 바로 블랙홀이다.

발상의 전환

새롭게 한다는 것은 발상을 바꾸는 데서 시작된다. 콜럼버스의 달걀은 발상을 바꾸는 이야기로 자주 인용되는 이야기다. 콜럼버스가 신대륙을 발견하고 돌아왔을 때 친구들의 반응은 퉁명스러웠고, 이에 화가 난 콜럼버스는 달걀 하나를 건네며 친구들에게 세워 보라고 하였다. 하지만 친구들이 달걀을 세우지 못하자 끝을 깨뜨려 탁자 위에 세운 콜럼버스는 모든 것은 시작이 어려운 법이라고 이야기했다고 한다.

콜럼버스의 달걀[18]

경제 잡지 《패스트 컴퍼니》의 기고가 겸 편집의원인 대니얼 핑크 (Daniel Pink)는 2년여 동안 미국 각지의 다양한 사람을 인터뷰하여 그들의 삶과 노동을 담아낸 책『프리에이전트의 시대가 오고 있다』에서 이렇게 이야기하고 있다.

나는 한 도시에 도착하기 직전 인터뷰 상대에게 전화나 전자우편을 보내 만날 장소를 정하곤 했는데, 약속 장소의 대부분은 커피 전문점으로 결정되곤 했다. 예전에는 존재하지도 않았던 그런 커피 전문점들은 여러 가지 장점을 가지고 있다.

커피 전문점은 값은 좀 비싸지만 그래도 질 좋은 커피를 내놓는다는 사실을 모든 사람이 알고 있다. 또한 언제나 편리한 장소에 위치해 있고 몇 시간씩 앉아서 얘기를 나눠도 문제 삼지 않으며 오히려 환영한다.

커피 전문점 사무실

커피 전문점에는 내가 가져간 문서들을 죽 늘어놓을 수 있는 커다란 테이블이 비치되어 있고, 내 장비에 전원을 연결할 수 있는 전기 콘센트도 설치되어 있다. 간단히 말하지면 커피 한 잔 가격으로 내게 사무실을 임대해 준 것이다.

어떤 날은 커피 전문점 한 군데에 들어가 테이블 하나를 차지하고 상주하면서, 마치 치과의사가 환자를 기다리듯 이른 아침부터 해질 때까지 약속한 시간에 맞춰 도착하는 상대들과 인터뷰를 하였다.

대니얼 핑크와 같이 지금은 학생이나 수많은 직장인들에게 커피 전문점은 사무실의 개념으로 변하고 있다.

소음과 혁신적 사고

해리포터를 집필하기 전 조앤 롤링(Joanne Rowling)은 경제적 난관에 봉착해 있었고, 마음을 다스릴 겸 커피 전문점에 들러 커피를 마시며 구상을 한 소설이 해리포터이다. 이와 같이 창의성으로 유명한 일부의 예술가들은 조용한 사무실보다는 약간의 소음이 있는 커피 전문점 같은 곳에서 작품 활동을 많이 하였다. 창의성과 소음은 과학적인 근거는 있는 것일까?

해리포터가 탄생한 커피 하우스

2012년 미국 일리노이대 메타(Mehta) 교수는 100명의 실험 참가자들에게 소음 정도를 달리해 엉뚱한 질문을 던졌다. 세상에 없는 물건을 고안하라고 하거나 익숙한 물건을 다르게 사용하는 법 등을 물었다.

　　상대적으로 조용한 환경(50dB)에 비해 적당한 소음이 있는 환경(70dB)에서 참가자들이 흥미로운 답변을 내놓는 경우가 많았다. 70dB은 청소기나 TV, 커피숍에서 트는 음악 소리 정도의 소음으로 소음 상태에서 집중하려고 노력하다 보면 어려움을 해결하는 두뇌 능력이 향상된다고 분석하였다. 다만 소음 정도와 창의성이 정비례하지는 않았다. 85dB 이상에선 창의력이 떨어지는 것으로 나타났다. 또 조용한 매장보다 음악을 트는 매장에서 신제품이 더 잘 팔리는 것으로 나타났다.

　　메타에 의하면 평소 방식으로 생각하는 법을 외부 자극이 방해하면서 새로운 아이디어가 나오게 되는 것이라고 설명하였다. 즉, 적당한 소음은 소비자들의 혁신적 사고를 자극하여 창의성을 향상시킨다고 한다.

새로운 경험의 연결

창의적인 것을 만들어 낸 사람에게 어떻게 그런 생각을 했느냐고 물으면 그들은 어쩌다 보니 그렇게 되었다고 대답하는 경우가 많다고 한다. 이들의 공통점은 다른 사람들보다 더 많은 경험을 하면서 다양한 시각을 가지게 되었고, 그 상태에서 어떤 새로운 것들을 만났을 때 기존의 경험을 바탕으로 창의적인 것을 만들게 되었다는 것이다.

창의성과 연결

창의성을 발휘한 사람들은 "Get Out of Your Comfort Zone(안전지대에서 벗어나다)"을 중요시한다. 창의성은 새로운 경험의 연결이기 때문에 비슷한 경험을 가진 사람보다는 자신과 다른 경험이나 시각을 가진 사람을 만나는 것이 중요하다. 그래서 비슷한 경험을 가진 사람들의 모임에서는 혁신적인 생각이 나오기 어렵다.

2007년, 스티브 잡스는 아이폰을 소개하였다. 이 제품은 인터넷, 휴대폰, 터치스크린이 결합된 제품이다. 아이폰은 모바일 기기에 맞게 다듬어진 모바일 운영체제를 탑재하고 있어 웹 브라우저, 전자 메일, 내비게이션과 같은 다양한 응용 프로그램을 마치 컴퓨터를 사용하듯 사용할 수 있게 하였다. 이를 통하여 음성 통화와 문자 위주의 휴대폰에서 '내 손 안의 컴퓨터'로 인식되는 계기를 마련하였다.

아이폰

스티브 잡스는 창의성을 새로운 경험을 그저 연결하는 것이라고 하였고, 세계적인 디자인 회사의 하나인 프로그 디자인(Frog Design)의 파브리칸(Fabricant)[19]은 창의성은 내 안에 있는 것이 아니라 우리 사이에 존재하는 것의 연결의 외면화라고 하였다.

근대 과학의 선구자적 역할을 하며 수학과 물리학의 주요 이론을 확립한 천재 과학자 뉴턴[20]은 "내가 남들보다 조금 더 멀리 바라보았다면 그것은 내가 거인들의 어깨 위에 서 있었기 때문이다."라고 하였다.

거인 위의 소인

이 말은 '거인의 어깨 위에 서 있는 소인(nanos gigantium humeris insidentes)'이라는 라틴어에서 유래된 말로 현대의 모든 발견은 과거 누군가의 연구와 업적의 연결에 기반하고 있다는 뜻을 담고 있다. 즉, 창의성은 일상의 경험을 하나하나 주의 깊게 연결하면서 동시에 새로운 시각으로 그 경험을 바라보는 것이다.

창의성과 무의식

Dreams are the royal road to the unconscious.

— Sigmund Freud —

무의식의 중요성

과거에 수면은 휴식을 취하는 상태라고만 생각해 왔다. 그런데 검사를 해보니 비렘(NREM, non-rapid eye movement)수면 단계에서는 뇌의 에너지 소비가 줄어드는데, 렘(REM, rapid eye movement)수면이 되면 깨어 있을 때보다 더 많은 에너지를 소비하기도 한다는 것을 알게 되었다. 특히 렘수면 중에 꿈을 꾸면 뇌는 더 많은 에너지를 소비한다는 것도 알게 되었다.[21]

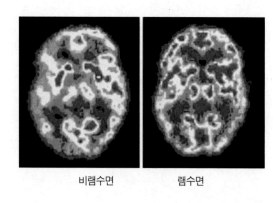

비렘수면   렘수면

렘수면의 발견은 수면이 가지는 기능을 새롭게 보도록 하였다. 그 중 한 가지가 수면이란 무의식적으로 우리가 깨어 있을 동안에 익히고, 습득한 정보를 뇌 속에 저장해 두었던 과거의 지식과 비교하고 정리하고 저장하는 것이라고 학자들은 생각하고 있다.

프로이트(Freud)는 창의성에도 무의식적인 사고가 중요하다는 생각을 접목시켰다. 그는 창의적인 개인들이 가지는 무의식적인 욕구와 갈등이 그들이 다루는 주제와 방식을 결정한다고 보았다. 그는 의식 상태에 있는 사람이 스스로 깨닫지는 못하지만, 아이디어들 사이에 무의식적으로 이루어진 연결을 통해 창의성이 나타난다고 보았다.

매카트니의 'Yesterday'

매카트니(McCartney)는 유명한 가수 겸 작곡가로 그가 작곡한 'Yesterday'는 꿈속에서 들었던 멜로디가 그 원곡이라고 한다. 1965년 영화 촬영 때문에 런던에 머물던 매카트니는 그의 집에 있는 작은 다락방에 머물고 있었다. 어느 날 아침, 꿈에서 아름다운 멜로디를 듣고 일어났다. 꿈속의 멜로디가 궁금해진 그는 침대에서 일어나 피아노에 앉아서 꿈에서 들었던 멜로디를 연주하기 시작했다. 멜로디는 재즈 형식으로, 전에 써 보지 않은 새로운 형식이었다.

그는 혹시 이게 어딘가에서 들었었던 멜로디가 꿈속에서 기억난 것이 아닌가 하여 여러 사람들에게 이를 들어 보았는지 확인해 보았다고 한다. 기네스북에 따르면, 그의 노래 'Yesterday'는 칠백만 번 이

상 연주되었다고 한다.[22]

'Yesterday' 악보

메리의 프랑켄슈타인

1816년, 열아홉 살의 메리(Mary)는 미래의 남편이 될 퍼시와 제네바 호수 근방에서 살고 있는 시인, 바이런을 방문하였다. 폭풍우가 몰아치는 밤이면 집 안에서 유령 이야기에 관한 책을 읽곤 하였다. 어느 날 밤, 무료함을 견디지 못해 따분해 하고 있을 때 바이런이 재밌는 제안을 하나 한다. 각자 공포 이야기를 하나씩 쓰는데, 이야기는 자신의 창작물이어야 한다는 것이었다.

메리를 제외한 나머지 사람들은 바로 재미있는 이야기를 풀어놓았다. 퍼시는 어린 시절의 경험담을 토대로 이야기를 만들었고, 바이런은 흡혈귀를 소재로 하는 단편을 만들었다. 그러나 메리는 영감이 떠오르지 않았다.

프랑켄슈타인 초기본

고민하던 어느 날, 메리는 바이런의 주치의였던 폴리도리로부터 이탈리아의 생물학자 갈바니가 해부 실험 중 개구리의 다리가 경련을 일으키는 것을 보고 동물 전기현상을 발견했다는 이야기를 듣게 된다. 그 이야기에 자극을 받은 메리는 이상한 꿈을 꾸었다.

학자가 자신이 만든 괴물 옆에 창백한 얼굴로 무릎을 꿇고 있었다. 기계가 작동하자 사람의 모습을 하고 있는 끔찍한 형체가 딱딱한 몸짓으로 살아 움직였고, 자기의 성공에 두려움을 느낀 학자는 공포에 사로잡혀 재빨리 도망쳤다.

다음날 메리는 친구들과 모여 유령 이야기를 할 때 자신의 꿈 이야기를 하고 바이런과 퍼시는 그 꿈을 소설로 써 보라고 권유하였다. 2년 후 메리의 꿈은 소설로 탄생하였는데 이것이 바로 『프랑켄슈타인』이다.

뢰비의 신경신호 전달

20세기 초 신경세포와 신경세포 사이에는 세포질이 서로 전깃줄처럼 연결되어 신경 신호 전달을 전기적 전달로 생각하였다. 그러나 현미경으로 자세히 관찰한 결과 신경세포 사이에는 항상 일정한 틈이 존재한다는 사실을 알게 되었고, 이러한 간격을 뛰어넘어서 흥분이 전달되기 위해서는 어떤 화학 물질의 존재가 필요하다는 자연적인 추론이 나오게 되었다.

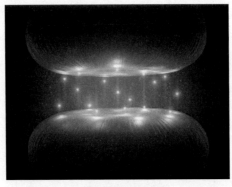

신경세포 사이의 틈

노벨상 수상자인 뢰비(Loewi)도 신경신호 전달이 당시에 보편적으로 생각되던 전기적인 전달보다는 화학물질로 이루어진다는 생각을 하고 있었다. 그러나 이를 증명할 수 없었던 뢰비는 17년 동안 잊고 있었다.

1920년 어느 일요일, 잠을 자다 중간에 일어나서 메모를 하다가 다시 잠이 들었다. 월요일에 일어나 보니 중요한 것으로 생각되는 많은 내용이 메모지에 적혀져 있었으나 이해할 수가 없었다. 다음 날 새벽에 메모에 대한 생각이 문득 떠올랐는데 그것은 17년 전에 고민하였던 신경신호 전달에 대한 증명을 개구리 심장으로 하는 실험 메모였다.

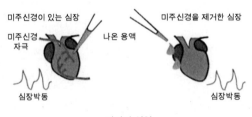

미주신경이 있는 심장   미주신경을 제거한 심장
미주신경   나온 용액
자극
심장박동   심장박동
뢰비의 실험

꿈을 꾼 후에 적어 놓은 내용을 기반으로 미주신경이 붙어 있는 개구리 심장과 미주신경을 제거한 개구리 심장을 준비하였다.

첫 번째 심장에 붙어 있는 미주신경을 자극하였을 때 이 신경의 말단에서 어떤 화학물질이 나와 심장의 박동이 느려졌다. 이 화학 물질을 미주신경이 없는 두 번째 심장에 주입하였을 때 두 번째 심장의 박동도 느려졌다.[23]

뢰비는 실험을 통해서 신경신호 전달이 근육에 전달되는 것은 화학물질을 생산하기 때문이라는 사실을 발견하여 1936년 노벨 생리 의학상을 받았다.

케쿨레와 벤젠

벤젠은 패러데이(Faraday)에 의해 1825년 가스공장에서 찌꺼기로 남은 배관 속에 고인 액체로부터 발견되었다. 보통 탄소는 수소 4원자와 결합하는 능력이 있는데 벤젠에서는 탄소와 수소가 1:1의 비율로 결합하고 있으면서도 반응적인 면에서도 매우 안정적이었다. 이러한 이유로 벤젠이 어떠한 구조를 지니고 있는지가 19세기 화학 분야에서 최대로 어려운 과제 중의 하나였다.

케쿨레(KeKule)도 벤젠의 구조에 대하여 많은 생각을 하고 있었다. 그는 매일 서너 시간만 자면서 연구에 몰두하였고, 그림을 그릴 수 있는 곳이라면 어디든지 갖가지 모양의 화학식을 그렸다. 하지만 검증하면서 틀렸다는 사실을 깨닫고는 스스로 지우기를 반복하던 어느 날 밤, 반쯤 잠이 든 눈앞에 떠다니는 탄소 원자와 수소 원자가 여러 모양으로 변하는 꿈을 꾸었다.

여러 겹으로 두텁게 결합된 원자들이
어느 순간 한 마리 뱀으로 변하여 꿈틀
거리며 빙글빙글 돌더니 자기 꼬리를
물어 둥근 고리를 만들고 있었다.[24]

꿈에서 깨어난 그는 벤젠분자 구조가
직선 형태일 거라는 종래 통념에서 벗
어나 고리 모양으로 되어 있음을 밝혔다.

꿈에서 본 벤젠

워커와 발모제

워커(Walkers)는 미국에서 화장품 회사를 설립하여 백만 달러를 번
최초의 흑인계 미국인 여성이다. 어릴 적 그녀의 가족은 지저분한 바
닥에 창문도 없는 작은 집에서 살 정도로 너무나 가난하여 아침부터
밤까지 목화밭에서 일을 하느라 학교에 가지 못하였다. 20~30대에는
하루에 1.5$를 받고 세탁소에서 일을 하였고, 30대 중반에는 두피 질
환으로 머리카락이 빠져서 걱정을 하였다.[25] 그녀는 머리카락에 여러
치료제를 시도해 봤지만, 소용이 없었다.

워커의 발모제

탈모 치료를 위해서 간절히 기도하던 어느 날, 꿈을 꾸게 되었는데 큰 체구의 흑인이 나타나 그녀의 치료제로 머리에 무엇인가를 섞어서 발라 주었다.

그중의 하나는 그녀가 알고 있는 아프리카에서 자라는 식물이었고, 그 식물을 구해서 머리에 바르니 몇 주 후에 머리카락이 많이 나왔다. 친구들에게도 사용을 해보니 매우 효과가 있었다. 그 후 그녀는 헤어 케어 제품과 화장품 공장을 세웠고, 1917년에는 그녀의 공장이 미국 내에서 흑인이 소유한 가장 큰 공장이 되었다.

엘리아스와 재봉틀

18세기 이후에 섬유산업이 급속히 발달하면서 옷감을 생산하는 공정은 수많은 혁신이 이루어져 기계화되었지만, 바느질은 여전히 수작업에 의존하고 있었다. 사실상 바느질은 엄청난 시간과 손길을 요구하는 매우 비효율적인 노동이어서 당시의 많은 기술자들은 바느질하는 기계를 만들어 많은 돈을 벌려고 하였다.

오늘날과 같이 두 가닥의 실로 바느질하는 재봉틀을 개발한 사람은 미국의 기술자인 엘리아스(Elias)다. 그의 수입이 충분하지 않았기 때문에 그의 아내는 삯바느질로 생계를 도왔다. 그는 아내의 고생을 덜어 주기 위해 바느질 기계를 만들기로 마음먹고 재봉틀의 바늘을 상하로 움직이는 데까지는 성공했으나, 바늘을 어떻게 만들어야 할지 몰라 실패를 거듭하고 있었다.

그러던 어느 날 꿈을 꾸게 되었는데, 그는 원주민에게 잡혀 있었고, 그의 주변에서 원주민들은 뾰족한 창을 올렸다, 내렸다 하면서 춤을 추고 있었다. 그런데 특이하게도 모든 창끝에는 구멍이 하나씩 뚫려 있었다.

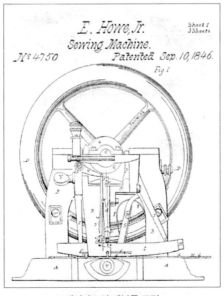

엘리아스의 재봉틀 도면

꿈에서 깨어난 그는 이 꿈이 자신이 골똘히 생각해오던 문제에 대한 해답이라는 것을 직감적으로 알았다. 그는 꿈에서 본대로 바늘 끝에 구멍을 뚫는 방법으로 재봉틀을 만들었고, 1846년에 재봉틀에 대한 특허를 받았다.[26]

잭 니클라우스와 드라이버

남자 프로 골프 세계 4대 대회에서 18번의 우승을 하여 골프의 제왕으로 이름을 날린 잭 니클라우스(Jack Nicklaus)도 1964년 70타 후반을 치며 극심한 슬럼프에 빠졌었다.[27]

그러던 어느 날 꿈을 꾸게 되었는데, 그는 골프 스윙을 하고 있었고 성적이 매우 잘 나왔다. 그런데 드라이버를 잡는 손을 보니 드라이버를 길게 잡았으며, 이는 평소에 팔에 무리가 가서 잘 사용하지 않는 방법이었다.

잭 니클라우스 메달

꿈에서 깬 그는 꿈에서 본 대로 드라이버를 잡는 방법을 바꾸어 연습하였더니 60타 중후반을 치게 되었다. 슬럼프를 벗어난 그는 다시 정상에 등극하였고, 2005년 프로 골프 무대에서 은퇴하였다. 현재 골프 코스 설계자로 활동 중인 그는 340개 이상의 골프 코스를 설계하였다. 그 가운데 63개는 세계 골프 코스 순위, Top 100에 올라 있을 정도로 널리 인정받아 제2의 골프와 관련된 일을 하면서 살고 있다.

라마누잔과 라마누잔 정리

인도의 천재 수학자 라마누잔(Ramanujan)은 우연한 기회에 그의 천재성을 알아본 케임브리지대학의 하디의 도움을 받아 33년이라는 짧은 인생을 살았지만, 세계 수학계에 큰 업적을 남긴 인물이다. 그의 이야기는 영화 '굿 윌 헌팅(Good Will Hunting)'의 소재가 되기도 하였고, 그의 일대기를 다룬 영화 '무한을 알고 있는 남자(The Man Who Knew Infinity)'[28]가 2015년 개봉되었다.

Ramanujan and Hardy worked together for the remainder of their lives, producing some of the most exciting math theories ever written. Ramanujan's genius was unparalleled, Sean. This boy is like that.

영화 '굿 윌 헌팅'의 대사[29]

정규 교육을 받지 못한 그가 직접 만든 대부분의 수학 공식은 독창성과 난해함에 있어서 당대 내로라하는 수학자들의 상상을 뛰어넘었다. 또한 그의 놀라운 직관력은 일반인들이 상상하기 힘든 무한을 이해했고, 그것에 관한 많은 항등식과 정리를 만들어 냈다.

무한을 알고 있는 남자

어떤 방식을 통해서 그런 공식을 얻었느냐는 질문에 그는 중요한 발견을 할 때마다 꿈속에서 나마기리 신이 나타나 공식을 알려 주었고, 꿈에서 본 공식을 증명하는 방법으로 중요한 수학적 영감을 얻곤 했다고 답변하였다.

지금도 라마누잔의 정리는 물리학, 컴퓨터 과학, 암호 해독학, 우주 과학 등에도 널리 이용되고 있다.

링컨과 그의 암살

링컨(Lincoln)은 그의 암살 며칠 전에 부인과 꿈 이야기를 하였다.

약 열흘 전에 중요한 소식을 기다리느라고 늦게까지 잠을 자지 않아 너무 피곤해서 침실에 들어가, 금세 잠이 들고 꿈을 꾸었지.

내 주위는 매우 조용한데 많은 사람들의 우는 소리가 들렸어. 침대에서 일어나 아래층으로 내려갔는데, 거기에서도 우는 소리는 들렸는데 사람은 보이지 않았어. 여기저기를 가 봐도 사람은 아무도 보이지 않고 우는 소리만 들렸어.

링컨의 꿈

이유를 알아보기 위하여 계속 가다 보니 이스트 룸에 도착했어. 그 방에 있는 물건이 낯에 익었으며, 매우 슬프게 울고 있는 사람들을 발견했지.

그리고 거기에는 수의로 싼 시체가 있었어. 주위에는 호위병들이 서 있었고 많은 다른 사람들은 슬피 울고 있었어.

나는 한 호위병에게 물었어.

"백악관에서 누가 죽었소?"

그가 대답했어.

"대통령입니다. 암살당하셨습니다."

창의성과 놀이

If you want creative workers, give them enough time to play.

– John Cleese –

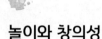

놀이와 창의성

창의성을 높이기 위해서는 다양하고 독특한 질문을 통해서 기존의 아이디어를 확장하거나 새로운 아이디어를 생각하는 연습을 하여야 한다. 이러한 연습은 놀이에 많이 포함되어 있다.

구글의 프레드릭(Frederick)은 6살 어린이는 창의적인 일의 비중이 98%이지만, 44세 어른은 창의적인 일의 비중이 2%라고 한다. 5살 어린이는 하루에 65개의 질문을 하고 평균 116번 웃지만, 어른은 6개의 질문을 하고 11번 웃는다고 한다.[30] 왜 어른은 어린이에 비하여 낮을까? 어른은 교육과 사회생활을 하면서 타인의 평가를 두려워하고 동료에게 아이디어를 보여 주기 부끄러워한다. 이러한 공포가 우리의 사고를 보수적으로 만든다.

놀이

어린이와 같은 생각이 창의적인지 알아보기 위해서 미국의 한 대학에서 학생을 두 집단으로 나누어 연구를 하였다. 한 집단은 일반적으로 수업 후 대학생들이 하는 공부나 잠을 자게 하였고, 다른 집단은 7살 어린이들이 하는 것처럼 친구와 놀게 하였다. 실험 결과 7살 어린이들이 하는 것처럼 친구와 논 집단의 학생이 창의성 검사에서 더 높은 결과를 나타내었다.

내적 동기에 의해 출발하는 놀이는 환경에 대한 어린이의 독자적 반응의 표현이며 풍부한 상상력에 의한 자기표현 활동이라고 한다. 상상적인 놀이는 대체로 새로움의 요소들을 포함하고 있으므로 창의적인 것이며 이러한 놀이로는 블럭, 점토, 색종이와 가위, 모래 등 여러 가지가 있다. 이러한 소재를 가지고 놀이를 할 때 창의성을 필요로 한다. 따라서 창의성을 키우기 위해 많이 웃고 많이 질문하자.

연결 놀이

창의성은 아이디어를 생각하고 이들 아이디어 간에 새로운 연결을 만들어내는 활동이기도 하다. 연결을 위한 준비 놀이의 하나가 연결 놀이다.

예를 들어 연결 놀이는 주제가 물인 경우 진행자가 배출방향을 이야기하면 학생은 조절장치를 말하고, 다른 학생은 수돗물 배출방향 조절장치로 연결된 단어를 말하는 놀이다.

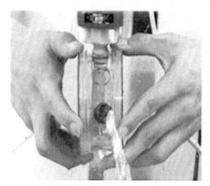

배출방향 조절(대통령상 2015)

해보기

콘센트

약어 놀이

　단서에 있는 수와 약어를 보고 이들이 의미할 수 있는 문장을 생각해 내는 놀이이다.[31]

　예를 들어 그림에서 '2MF'는 'Too much fun(너무 재미있는)'이라는 문장을 생각할 수 있다. 약어 놀이는 처음에는 매우 어렵게 생각되어도 풀이를 보면 매우 쉬워 보이는 것으로 대부분의 창의적인 생각이 비슷한 경향을 보인다.

약어

해보기

1001 A N

문장 만들기 놀이

2개의 단어를 주고, 이를 사용하여 6단어의 문장을 제한된 조건 안에서 만들어 문제를 해결하는 놀이다.

예로는 어느 날 누군가 어니스트 헤밍웨이에게 내기를 요청했다. 단어 여섯 개로 단편 소설을 지어서 사람들을 울릴 수 있는 내기를 하였고, 헤밍웨이는 '아이 신발 팝니다. 한 번도 안 신었어요.'로 내기에서 이겼다.

해보기

6단어 소설

간접 단어 놀이

임의의 단어를 시작 단어로 하여, 다음 사람은 그 단어와 간접적으로 연관된 단어를 말하는 것이다.[32]

예로 들면 한 사람이 '시험'을 말하면 다음 사람은 직접적으로 연결되는 단어인 스트레스는 말하면 안 되고 간접적인 성격이 강한 '바퀴'를 말하는 것이다. 일반적으로 창의적 사고는 직접적인 연결보다는 간접적인 연결의 경우가 많다.

간접 단어

해보기

재채기

없다면 놀이

무엇이 없다면 어떤 변화가 일어날 것인가에 대하여 생각하는 게임으로 우리가 당연시하는 뭔가를 빼 보는 것이다.[33]

우리는 새로운 것을 추가하고 포함하는 경향이 있다. 그러나 명확하진 않지만, 어떻게 서로 영향을 미치는지에 대한 통찰력 연습도 창의성을 증진시킨다.

없다면

해보기

에스컬레이터

두 배로 놀이

임의의 단어를 시작 단어로 하여, 다음 사람은 그 단어와 관련해서 크기, 강력함, 값, 수 등이 대략 두 배가 되는 단어를 말하고 이유를 말하는 놀이다.[34]

예를 들면 '바이올린' 하면 소형 피아노라고 말하고 단어가 둘이라고 이유를 말한다.

두 배로

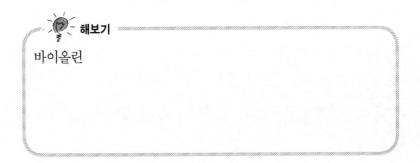

🔆 해보기

바이올린

불완전한 도형 완성하기

불완전한 작은 커브 또는 물결 모양의 선을 칠판에 그리고, 이를 바탕으로 선을 추가하여 전체 그림을 완성하는 놀이다.

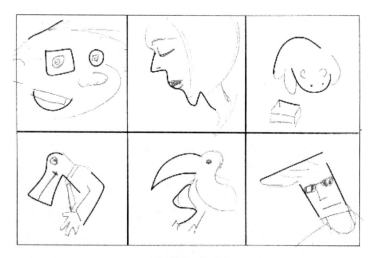

불완전한 도형 완성

효과적인 활동을 위하여 칠판에 불완전한 도형을 주고 두 학생이 각각 그림을 완성하게 한다. 그림을 완성한 후 상대편 그림의 창의성에 대하여 토론하게 한다.

또는 칠판에 간단한 도형을 그리고 학생들한테 도형이 무엇의 일부분인지를 생각하게 하고 이를 반영하여 도형을 완성하는 놀이다.

도형 완성

　다른 방법으로 여러 개의 작은 원을 그리고 각 원에 다양한 그림을
그리게 하는 놀이다. 제한된 시간 안에 작은 원 안에 얼굴, 태양, 시
계, 거미줄 등 서로 다른 그림을 그리게 한다.

도형 그리고 이야기하기

학생들 간에 서로 원 안에 그린 그림을 비교하고 각각 6개를 선택하여 이들을 개인 또는 팀별로 이야기로 만들어 발표하고 토론하게 한다.

예를 들면 원 안에 얼굴, 태양, 시계와 거미줄 등을 그린 경우 '시계를 보니 점심시간이어서 행복한데, 그 시간에 거미가 거미집을 짓고…'

해보기

창의성 계발 도구

The best way to have a good idea is to have lots of idea.

– Linus Pauling –

브레인스토밍

창의적인 아이디어를 생산하기 위한 효율적이고 대중적인 기법으로 오스본(Osborn)의 상상력의 응용이라는 책을 통해서 널리 알려졌다.

브레인스토밍의 4가지 규칙

브레인스토밍은 리더와 기록자를 포함, 3인 이상의 사람이 모여서 특정 시간 동안 제시한 생각들을 모아서 주제에 가장 적합한 생각을 다듬어 나가는 일련의 과정이다. 이때 리더는 회의를 진행하고, 기록자는 제시된 아이디어를 기록하는데, 반드시 지켜야 할 4가지 규칙이 있다.[35]

브레인스토밍

① 아이디어의 양에 초점을 맞추어라

에디슨은 단 하나의 아이디어를 얻기 위해 10여 건의 대학 노트를 새까맣게 만들었다고 한다. 많은 아이디어로부터 좋은 아이디어가 나올 가능성이 높다.

② 좋고 나쁘다는 비판을 하지 않는다

비판을 하게 되면 참여자가 아이디어를 자유롭게 이야기를 할 기회가 낮다. 미국의 시험 결과에 따르면 비판이 있는 경우가 없는 경우보다 아이디어 생산성이 10분의 1 이하로 떨어진 것으로 밝혀졌다.

③ 자유분방한 분위기를 보장하라

엉뚱하고 때로는 기발한 아이디어는 자유분방한 분위기에서만 가능하고 이를 통해서 더 좋은 해결책을 얻을 수 있다.

④ 타인의 아이디어를 합치거나 개선하라

다른 사람의 여러 가지 아이디어 중에서 좋은 점을 결합시켜, 자기 아이디어로 내도 좋다.

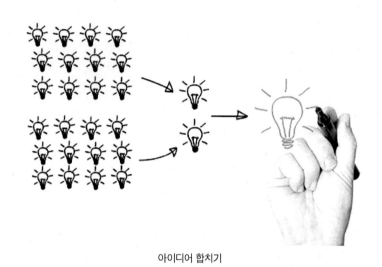

아이디어 합치기

브레인스토밍의 7단계

글로벌 컨설팅사인 맥킨지는 2011년 최근 10년간 유통과 금융 등 150여 개 기업에서 진행된 다양한 사례를 분석하여, 브레인스토밍의 성공 확률을 높일 수 있는 7가지 단계를 제안했다.[36]

① 조직의 의사결정 기준을 파악하라

조직이 생각하는 범주를 넘어서는 경우 브레인스토밍에서 제시된 아이디어가 종종 쓸모없게 되어 참가자들은 시간만 허비하는 경우도 있다.

예를 들면 한 은행의 경영진은 정보기술 시설을 향후 18개월 동안 바꾸지 못하게 하였다. 경영진의 결정을 모르고 진행한 브레인스토밍에서 좋은 아이디어가 많이 나왔다. 하지만 이를 실행하려면 정보기술 시스템을 바꿔야 했다. 아이디어는 좋았으나 실행을 할 수 없었다.

② 적절한 질문을 정해서 체계적으로 진행하라

사람들은 기존 문제를 해결할 때 대개 과거의 방식이나 아이디어를 선호하는 경향이 있는데 그럴수록 좋은 아이디어의 수는 줄어든다. 이때 적절한 질문을 정해서 진행자는 체계적으로 브레인스토밍을 이끌어 가야 한다.

한 전자제품 업체의 질문의 예로는,

- 고객들이 원하는 것은?
- 고객들을 가장 괴롭히는 요인은?
- 절대 기대하지 못했던 방식으로 제품을 사용하는 사람들은?
- 회사의 규정이 회사의 효율성을 떨어뜨렸다면 그것은 무엇?

최근 어느 회사는 개발 과정에서 고객의 의견 "마이크로 SD카드 슬롯 추가"를 무조건 반영하는 것을 목표로 제품을 만들었다고 한다.

마이크로 SD카드 슬롯이 추가된 휴대폰

③ 관련 지식을 갖춘 적임자를 선정하라

한 회사에서 일부 고객에게 신용기간을 연장해 줬는데 부실채권 회수가 잘 안 되어서 이 문제를 개선하기 위해 브레인스토밍을 실시했다. 참가자들은 "프로세스를 바꾼 뒤 어떤 변화가 있었는가?"라는 질문을 놓고 의견을 나눴다.

그러자 현장의 부실채권 회수 담당자는 "고객들 중 최근 돌아가신 분이 많이 늘었다"고 답했다. 하지만 현장을 잘 아는 실무자는 대금이 밀린 고객들에게 연락하면 자신이 죽었다고 말해 달라고 가족들에게 시키는데, 가족들에게 지나친 압박을 주기 싫어 대개 채권 회수를 중단했다고 했다. 이는 현장을 잘 아는 실무자가 참석했기 때문에 가능한 일이었다.

④ 참가자를 3~5명씩 나눠서 하라

사람들은 여럿이 있는 자리에서는 이야기를 잘 하려 하지 않는다. 따라서 비교적 자유롭게 이야기할 수 있는 규모인 3~5명 단위의 그룹으로 묶는 게 좋다. 여기서 주의할 점이 있는데 아이디어를 반대할 사람, 즉 참가자들의 상사나 자기주장이 강한 사람, 전문가 등은 별도의 그룹으로 묶어야 한다.

참가자들 가운데 상관 앞에서 입증되지 않은 아이디어를 거론하기 싫어하는 사람이 있을 수 있다. 자기주장이 강한 사람은 시간을 독점하는 경향이 있다. 또한 전문가들은 편향된 시각을 갖거나 참가자들의 아이디어가 쓸모 있는 지 여부를 판단하려 한다.

브레인스토밍 단계

⑤ 기대하는 바를 명확히 소통하라

참가자들을 소그룹으로 나누기 전 사전회의를 하고 참가자들에게 브레인스토밍을 통해 무엇을 달성하고, 무엇을 달성하지 못할 것인지 등 조직의 기대 수준을 정확히 알려야 한다.

전통적으로 브레인스토밍에서는 여러 아이디어가 봇물 터지듯 나오면서 논의가 빨리 진행된다. 하지만 아이디어별로 심층적인 토의가 이뤄지지 못하는 경향이 있어 소그룹별로 질문 한 개당 30분씩 할애하게 해서 심층 토의하도록 하는 게 좋다.

⑥ 최고의 아이디어를 뽑지 않는다

아이디어가 나온 뒤 하지 말아야 할 게 있다. 전체 참가자들이 최고의 아이디어를 뽑게 하는 일이다. 참가자들은 투자의 우선순위를 결정하는 데 경영진과 항상 같은 시각을 취할 수 없다. 좋은 아이디어라고 해도 경영진이 채택되지 않아 참가자들이 낙담하거나 또 성공 가능성이 있는 아이디어를 경영진이 선정하여 참가자들의 사기를 꺾을 수 있다.

따라서 각 소그룹이 제안한 아이디어 중 상위 몇 개를 선정해 다른 그룹들의 결과와 공유하는 게 좋다. 실행할 아이디어를 어떻게 선정할지, 최종 의사 결정을 어떻게 통보할 것인지도 참가자들에게 상세하게 알려 줘야 한다.

⑦ 후속 조치는 최대한 신속하게 취하라

미국의 한 대학에서는 총장이 참석한 가운데 교무처장, 학과장들이 비용 절감 방안을 두고 브레인스토밍을 했다. 대학 경영진은 아이디어들을 4개로 분류했다. 즉시 실행, 다음 학사 연도에 시작하기로 결정, 추가 조사를 한 뒤 결정, 즉시 기각. 처음부터 경영진이 아이디어를 어떤 기준으로 평가할지 염두에 두고 브레인스토밍을 진행했고, 궁극적으로 수백만 달러의 비용 절감 효과를 봤다.

마인드맵

뇌는 재미있는 일, 기분 좋은 일이 아니면 움직이려 하지 않는다. 뇌는 기쁠 때, 뭔가에 몰입할 때 가장 활발하게 움직이고 싫은 일을 하거나 재미없을 때는 두뇌의 움직임이 느려진다.

공부에 흥미가 없는 학생들은 일반적으로 배우는 것을 재미없어 하여 공부할 때 두뇌의 움직임이 활발하지 않았다. 이에 반해서 창의성을 발현하는 사람의 공통점은 자기가 하는 일을 재미있어 하여 일을 할 때 두뇌의 움직임이 활발하였다.[37]

재미없는 일을 할 때   재미있는 일을 할 때

영국의 교육학자 부잔(Buzan)이 개발한 두뇌개발 프로그램인 마인드맵은 읽고, 쓰고, 생각하고, 기억하는 모든 것을 이미지로 정리하는 사고력 중심의 두뇌개발 학습법이다.

기존의 학습법은 정형화된 틀 안에서 생각하는 것으로, 주로 좌뇌를 사용한다. 이에 비해 마인드맵은 그려가는 과정을 통하여 사고력, 창의력 및 기억력을 높일 수 있다. 즉, 좌뇌와 우뇌를 함께 활용하여 두뇌가 가진 기능을 최대치로 끌어올리는 학습법이다. 한 눈으로 세상을 보는 것과 두 눈으로 세상을 보는 것은 엄청난 차이가 있듯이 좌뇌와 우뇌를 함께 활용하는 것은 큰 차이가 있다.

마인드맵 표현

마인드맵에는 정해진 정보와 관련된 모든 것을 담을 수 있어서 마인드맵의 중심 이미지만 보면 연상 작용에 의해 관련 개념 줄기가 모두 기억되고, 반대로 개념을 보면 중심 이미지까지 연상해 낼 수 있다.

마인드맵은 대부분 방사형으로 표현하는데 중심에 핵심 주제를 이미지화해서 그린 다음 중심 이미지를 중심으로 관련된 개념들을 나뭇가지처럼 벌려 나가면서 맵을 그려 나간다.

생각의 핵심이 되는 주제는 항상 중심 이미지에서 시작한다. 중심 이미지에 관련된 주요 주제는 중심 이미지에서 나뭇가지처럼 뻗어 나간다. 가지들의 연결은 핵심 이미지와 핵심 단어를 통해 확산된다. 계속 이어지는 부주제들은 나뭇가지의 마디마디가 서로 연결된 듯한 구조를 하고 있다.

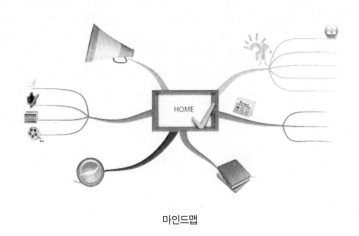

마인드맵

최근 일과 공부, 두 마리 토끼를 잡는 아역배우가 마인드맵을 적극적으로 활용한 사실이 알려지면서 관심을 끌고 있다. "암기과목은 마인드맵을 활용해요. 종이 가운데에 단원 제목, 핵심 문장 등 교과서의 중요 내용을 줄기로 적어 놓고, 옆으로 가지가 뻗어 나가는 그림을 그리면서 외운 내용을 확인해요."

스캠퍼

스캠퍼(SCAMPER)는 새로운 아이디어를 생성하거나 기존의 아이디어를 개선하는 데 도움이 되는 사용하기 쉬운 브레인스토밍 기법이다. 브레인스토밍이 사고의 제한 없이 아이디어를 제시하는 것이라면 스캠퍼는 일정 범위에 문제를 정의해 놓고 문제 해결을 찾아가는 방법이다.

스캠퍼 적용

대체하기(Substitute): 기존 사물의 재료, 형태, 용도, 방법 등을 다른 것으로 대체하는 방안을 생각하는 것으로 라면의 원료를 밀가루에서 쌀로 대체한 '쌀라면'이나 충전 배터리의 모양을 USB 형태로 바꾼 'USB 충전 배터리'가 있다.

쌀라면

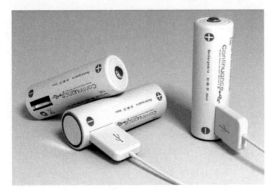

USB 충전 배터리

문제 해결을 찾아가는 질문은,

- 무엇으로 대체할 수 있을까?
- 어떤 재질이나 재료로 대체할 수 있을까?
- 어떤 다른 방법으로 대체할 수 있을까?
- 다른 소리로 대체할 수 있을까?

결합하기(Combine): 두 가지 또는 그 이상의 것들을 결합, 혼합해서 새로운 것을 생각하는 것으로 서로 다른 2종류 이상의 동력원을 효율적으로 조합하여 차량을 구동하는 '하이브리드 자동차'나 전구와 스피커의 기능을 하나로 합친 '전구 스피커'가 있다.

문제 해결을 찾아가는 질문은,
- 어떤 재질들이 결합될 수 있을까?
- 어떤 장치들이 서로 결합될 수 있을까?
- 서로 다른 목적들이 결합될 수 있을까?
- 어떤 다른 품목 또는 항목이 이것과 합병될 수 있을까?

하이브리드 자동차

전구 스피커

적용·응용하기(Adapt): 어떤 형태나 원리, 방법을 다른 분야에 맞도록 적용할 수 있을까 생각하는 것으로 벽에 달라붙어도 떨어지지 않는 게코(Gecko)도마뱀을 모방해 여러 번 붙였다 떼어 내도 접착력이

사라지지 않는 '게코 테이프'나 도꼬마리의 잘 떨어지지 않는 성질을 이용한 '벨크로 테이프'가 있다.

문제 해결을 찾아가는 질문은,
  − 이 아이디어를 다른 곳에 적용하면 어떨까?
  − 자연으로부터 응용할 수 있는 아이디어는 없을까?
  − 이 상품을 다른 용도로 사용하면 어떨까?
  − 무엇을 흉내 내면 좋을까?

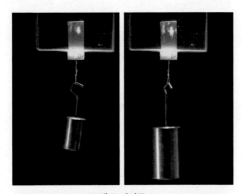

게코 테이프

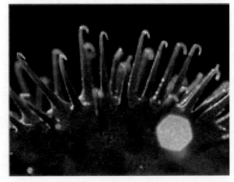

도꼬마리

변경·확대하기(Modify): 기존의 상품이나 아이디어의 색, 모양, 의미 등을 수정하거나 크게, 무겁게, 강하게 하거나 작게, 가볍게, 가늘게 생각하는 것으로 키보드나 마우스가 아닌 터치스크린을 주 입력 장치로 장착한 '태블릿 PC'나 나무 배트에 비해 약간 더 가벼워서 공을 칠 때 힘이 덜 들어가는 '알루미늄 배트'가 있다.

태블릿 PC   알루미늄 배트

문제 해결을 찾아가는 질문은,

- 다른 용도로 사용하면 어떻게 변경해야 할까?
- 형태를 바꾸면 어떨까?
- 어떤 특성을 추가하면 좋을까?
- 더 높게, 길게, 크게, 강하게 만들면 어떨까?

다른 용도로 사용하기(Put to other purposes): 어떤 물건이나 아이디어를 다른 방법으로 활용하는 것으로 음식점 '매장 내 놀이시설'이나 근거리 통신인 NFC를 통해 결제나 피트니스 기능이 있는 '스마트 시계'가 있다.

문제 해결을 찾아가는 질문은,

- 있는 그대로 다른 용도로 활용할 수 없을까?
- 다른 용도로 재활용할 수 있을까?
- 약간 변경하여 다른 용도로 활용할 수 없을까?
- 여러 개 사용하면 다른 용도로 사용할 수 있을까?

음식점 내 놀이시설

스마트 시계

제거하기(Eliminate): 사물의 어떤 부분을 삭제해서 새로운 것이나 더 발전된 아이디어를 떠올리는 방법으로 전자기 유도를 이용한 '무선 충전 휴대폰'이나 필요로 하는 기능 이외의 것은 단순하고 쉬운 사용 방식으로 사용 편의성을 강화한 디버전스(Divergence) 제품이 있다.

문제 해결을 찾아가는 질문은,
- 무엇을 생략하면 좋을까?
- 크기를 최소화하면 더 좋지 않을까?
- 꼭 필요한 게 아닌 것이 무엇일까?
- 콤팩트하게 만들 수 없을까?

무선충전 휴대폰

액정이 없는 스마트 시계

재배치하기(Rearrange): 형식, 순서, 구성을 바꾸어서 새로운 상품이나 문제 해결의 아이디어를 얻는 방법으로 '진공관 앰프'나 비행기 좌석에서 비즈니스와 이코노미 사이의 등급인 '프리미엄 이코노미 좌석'이 있다.

진공관 앰프

프리미엄 이코노미 좌석

문제 해결을 찾아가는 질문은,

- 순서를 바꾸면 어떨까?

- 어떻게 패턴을 바꿀 수 있을까?

- 이것의 위치를 바꾸면 어떨까?

- 레이아웃을 바꾸면 어떨까?

- 속도를 바꾸면 어떨까?

트리즈와 특허

I became more and more interested in the mechanics of creativity. How were inventions made? What happens in the head of the inventor?

- Genrich Altshuller -

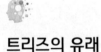

트리즈의 유래

초등학생 때인 13세에 특허를 취득할 정도로 영리하고 실천적이었던 알츠슐러(Altshuller)는 1946년 카스피해의 해군에 입대 후에는 특허 부서에서 근무하게 되었다. 어느 날 선박의 용접 부서에서 특허와 관련된 기술적 문제를 해결해 달라는 의뢰가 들어왔고, 이에 알츠슐러는 문제를 해결해 주었다.

그런데 3달이 지난 후에 잠수정과 관련된 고질적인 문제가 재발하였고, 알츠슐러가 관여하게 되었다. 우연히 그 문제는 몇 달 전에 선박의 용접 부서에서 해결했던 문제와 해결법이 일치한다는 것을 알았다. 그래서 단번에 그 문제를 해결하게 되었고 알츠슐러는 군에서 유명해지기 시작했다.

또다시 2개월이 지나서 구축함의 함포에 관한 기술적인 문제에 관여하게 되었는데 겉으로는 이제까지의 기술적 문제들과 전혀 다른 문제인 것 같았지만, 근본적으로 앞에서 해결한 두 문제와 해결 원리가 같았음을 알았고, 곧 문제를 해결했다.

이러한 과정에서 알츠슐러는 창의적 문제 해결에 어떤 공통된 원리가 있지 않을까? 고민하였고, 이를 바탕으로 20만 건 이상의 특허를 분석해 발명에는 어떤 공통의 법칙과 패턴이 있음을 발견하였다. 그는 분석한 사례 중 약 3% 정도인 4만 건이 창조적 발명이었고, 나머

트리즈[38]

지는 대부분 이미 존재하는 다른 분야의 해결 대안들을 이용하였다
는 사실을 확인하였다.[39] 이러한 분석 결과를 토대로 40가지 발명 원
리 '트리즈(TRIZ)'를 정리하였다.

트리즈는 주어진 문제에 대하여 얻을 수 있는 가장 이상적인 결과
를 정의하고 그 결과를 얻기 위해 관건이 되는 모순을 찾아내어 그
모순을 극복할 수 있는 해결책을 생각해 내도록 하는 방법에 대한 이
론이다.

최근에는 삼성전자, LG전자, P&G, 보잉, 지멘스, 3M, HP, NASA,
인텔, 도요타, 존슨&존슨, 모토로라와 같이 세계적 혁신 기업들이 트
리즈를 경영활동에 활용하여 성과를 획득하였다.

창조경영으로 주목받는 포스코는 계열사 포함 전 직원에게 1인당 40~120시간씩 트리즈를 교육하는 트리즈대학을 2010년 설립하였다. 삼성도 지난 2003년부터 트리즈를 도입해 연간 180여 건의 특허를 출원하고 있다.[40]

특히 최근에는 산업계는 물론 교육계, 사회계 등의 비기술 분야에서도 활용될 만큼 그 범위가 다양해지고 있다.

트리즈 적용

| 분할 | 추출 | 부분 변형 | 비대칭 | 결합 |

분할: 물체를 독립적인 부분으로 나누어 분해 정도를 증가시키고, 물체의 분해가 쉽도록 나누는 것으로 '조립식 가구'나 거대한 트럭을 트럭과 '트레일러'로 나눈 것이 있다.

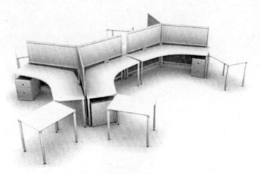

조립식 가구

트레일러

다른 예

추출: 유해한 부분이나 속성만을 물체로부터 분리하거나, 반대로 유익한 부분이나 속성만을 물체로부터 분리하는 것으로 에어컨 '실외기'나 '날개 없는 선풍기'가 있다.

선풍기

실외기

다른 예

부분 변형: 물체의 구조 또는 환경을 균질 상태에서 비균질 상태로 구조를 바꾸는 것으로 '지우개 달린 연필'이나 '다기능 공구'가 있다.

지우개 달린 연필

다기능 공구

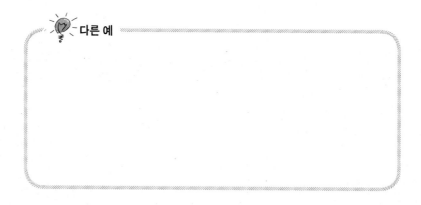

다른 예

비대칭: 물체의 형태 또는 부품을 대칭에서 비대칭 형태로 바꾸거나, 비대칭 정도를 증가시키는 것으로 '전기 플러그', '보잉 737 엔진'이 있다.

전기 플러그

보잉 737 엔진

💡 다른 예

결합: 동질적이거나 연속적인 것, 연관되는 것, 보완적인 것 등을 공간적, 시간적으로 통합하는 것으로 '북카페'나 '스마트폰' 등이 있다.

북카페

다른 예

| 범용성 | 포개기 | 평형추 | 사전 예방 | 사전 준비 |

범용성: 제품이 여러 가지 기능을 수행하도록 하거나 누구에게나 다양하게 쓰일 수 있도록 하는 것으로 '복합기'나 '침대 겸용 소파'가 있다.

복합기   침대 겸용 소파

💡 **다른 예**

포개기: 포개기는 필요할 때만 커졌다가 불필요할 때는 부피가 줄어들게 하는 것으로 '마트료시카(러시아 인형)'나 '쇼핑카트'가 있다.

마트료시카

쇼핑카트

💡 **다른 예**

평형추: 중력에 의하여 나타나는 기술적 모순을 해결하기, 모순을 해결할 수 있는 것과 결합시키는 것으로 '비행기 날개'나 '자기부상열차'가 있다.

비행기 날개

자기부상열차

다른 예

사전 예방: 사전에 순작용과 역작용을 고려하여 이에 대한 대비를 하는 것으로 '포스트잇'이나 페인트칠을 하지 않을 곳을 '미리 테이프'로 붙여 두는 행동이 있다.

포스트잇

미리 테이프

다른 예

사전 준비: 사용 중 나타나게 될 문제를 미리 대비하는 것으로 미리 '우표'나 무디어진 부분을 잘라내고 사용하는 '커터'가 있다.

우표

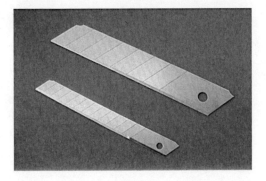

커터

다른 예

| 사전 보호 | 높이 맞추기 | 반전 | 구형체 | 유연성 |

사전 보호: 신뢰성이 낮은 물체에 대해서 미리 비상수단을 준비하는 것으로 '에어백'이나 '에어캡'이 있다.

| 에어백 | 에어캡 |

다른 예

높이 맞추기: 물체가 올라가거나 내려가지 않도록 작업 조건을 변화시키는 것으로 '파나마 운하'나 '카센터'에서 자동차 엔진오일 교환 시, 비싼 승강 장비를 이용하는 대신 작업자가 미리 움푹 팬 곳을 만들어 그곳에서 작업하는 것이 있다.

파나마 운하

카센터

💡 다른 예

반전: 문제를 해결하기 위해서 움직일 수 있는 부분을 고정시키고, 고정된 부분을 움직일 수 있게 하는 것처럼 역할을 바꾸는 것으로 '러닝머신'이나 '이동 체육관'이 있다.

러닝머신

이동 체육관

다른 예

구형체: 직선 대신에 곡선을 이용하는 것으로 직선이나 평면은 곡선형이나 구형체로 대체하는 것으로 '롤러블레이드'나 '구형 바퀴'가 있다.

롤러블레이드

구형 바퀴

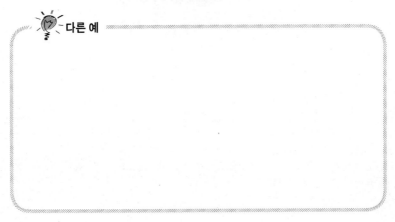

다른 예

유연성: 최적 작동조건을 위해 물체를 서로 상대적으로 움직이도록 분리하거나, 물체를 가변되게 또는 움직이게 하는 것으로 '휘어지는 빨대'나 '휘어지는 액정'이 있다.

휘어지는 빨대

휘어지는 액정

다른 예

과부족 조치	차원 전환	기계적 진동	주기적 동작	유용 동작 연속

과부족 조치: 주어진 해결방법을 이용하여 목표를 100% 달성할 수 없다면 조금 덜 또는 조금 더 하는 것으로 '설탕 조절 가능 인스턴트 커피'나, '자동차 페인트칠'할 때 과도하게 뿌린 다음에 초과된 부분만 제거하는 방법이 있다.

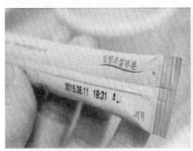

설탕 조절 커피

자동차 페인트칠

 다른 예

차원 전환: 단층 배열 대신에 다층 배열, 물체를 기울이거나 방향을 전환 또는 주어진 영역의 반대쪽을 이용 등 차원을 달리하는 것으로 여러 장의 CD가 들어가는 'CD 플레이어'나 '이층 버스'가 있다.

이층 버스

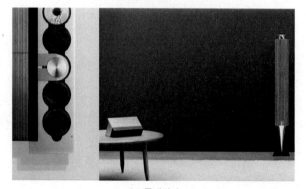

CD 플레이어

다른 예

기계적 진동: 물체를 진동시키거나 진동수를 증가시키는 것으로 '진동 칫솔'이나 '초음파 세척기'가 있다.

전동 칫솔

초음파 세척기

💡 다른 예

주기적 동작: 지속적 작용에서 주기적 작용으로 바꾸거나, 작용이 이미 주기적이면 주기의 정도를 바꾸는 것으로 '앰뷸런스 사이렌'이나 '진동 안마기'가 있다.

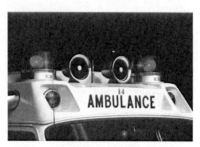

앰뷸런스 사이렌

진동 안마기

🔍 다른 예

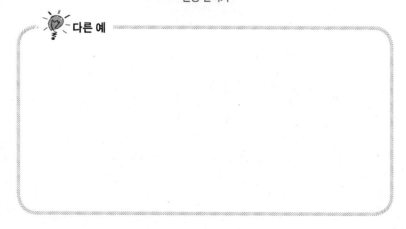

유용 동작 연속: 물체의 모든 부분이 항상 최대한으로 작동하게 하는 것으로 '수정 테이프'나 '묻지 않는 요구르트 뚜껑'이 있다.

수정 테이프

묻지 않는 요구르트 뚜껑

💡 다른 예

5

| 고속 처리 | 새옹지마 | 피드백 | 매개체 이용 | 셀프서비스 |

고속 처리: 천천히 함으로써 유해한 작용이 일어나는 경우, 급속히 처리하여 부작용을 최소화하는 것으로 '순간 고온 살균'이나 '하이패스'가 있다.

순간 고온 살균

하이패스

다른 예

새옹지마: 해로운 요인을 이용해서 긍정적인 효과를 얻거나 해로운 요인을 또 다른 유해 요인과 결합해서 유해성을 제거하는 것으로 '인덕션'이나 썩은 소시지나 통조림에서 발견되는 병원균을 이용한 '보톡스'가 있다.

인덕션

보톡스

다른 예

피드백: 어떤 일의 결과가 다시 원인에 작용해 그 결과를 줄이거
나 늘리는 자동 조절 원리로 자동 '온도 조절 장치', '배의 평형수'가
있다.

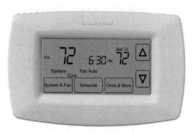

온도 조절 장치

평형수

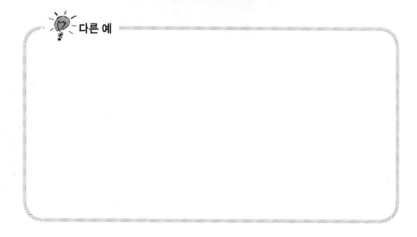

다른 예

매개체 이용: 작용을 전달하거나 통과하는 매개체를 도입하거나 손쉽게 제거할 수 있는 물체와 임시로 결합하는 것으로 종이를 고정할 수 있는 '클립'이나 '종이컵 트레이'가 있다.

클립

종이컵 트레이

다른 예

셀프서비스: 물체가 부차적인 수리 동작을 스스로 하도록 만들거나 버려진 물질과 에너지를 이용하여 스스로 서비스하게 하는 것으로 '셀프 주문'이나 연잎 효과를 이용한 '자가 세정 페인트'가 있다.

셀프 주문

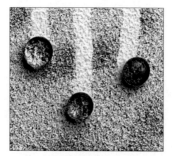

자가 세정 페인트

💡 다른 예

| 복제 | 일회용품 사용 | 시스템 대체 | 기압 유압 이용 | 유연 커버 |

복제: 이용할 수 없거나 비싸거나 깨지기 쉬운 물건 대신에 간단하고 값싼 복제물을 사용하는 것으로 '인공 잔디'나 '충돌 시험용 인형'이 있다.

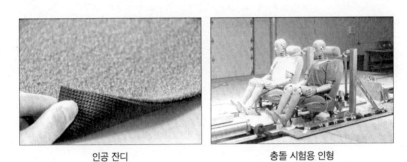

인공 잔디   충돌 시험용 인형

💡 다른 예

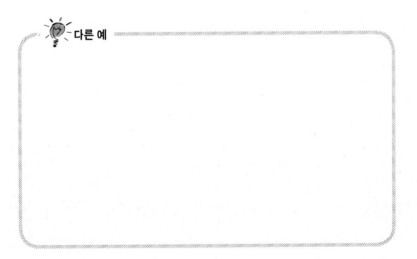

일회용품 사용: 어떤 면에서 손해 보면서 다른 특성을 보상할 수 있는 여러 개의 값싼 제품으로 대체하는 것으로 부식을 방지하기 위한 '도금'과 '일회용 수술 도구'가 있다.

도금

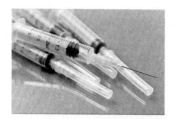

일회용 주사기

다른 예

시스템 대체: 기계적인 방법을 감각(광학, 음향, 맛 또는 냄새) 방법으로 대체하는 것으로 '터치스크린'이나 '음성 인식'이 있다.

음성 인식

터치스크린

💡 다른 예

기압과 유압 이용: 대상물 또는 시스템의 고형 부품 대신에 기체 또는 액체를 이용하는 것으로 과자의 '질소 충전'이나 '에어백'이 있다.

에어백

질소 충전

다른 예

유연 커버: 3차원 구조물 대신에 유연한 막과 얇은 필름을 사용하여 대상물 또는 시스템을 외부 환경과 격리하는 것으로 얇은 '스마트폰 케이스'나 '티백'이 있다.

스마트폰 케이스

티백

다른 예

| 다공질 재료 | 색 변경 | 동질성 | 폐기 및 재생 | 속성 변환 |

다공질 재료: 대상물을 다공질 재료로 만들거나 다공질 재료를 첨가하는 것으로 '고어텍스'나 '세라믹 필터'가 있다.

고어텍스   세라믹 필터

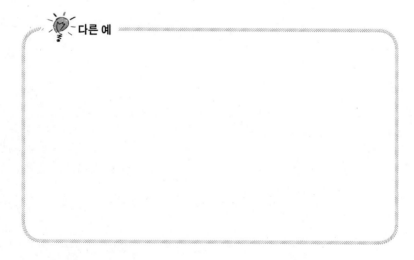

다른 예

색 변경: 대상물 또는 그 외부 환경의 색깔이나 투명도를 변경하는 것으로 물 온도를 LED 빛으로 알려주는 똑똑한 '샤워기' 또는 '투명 디스플레이'가 있다.

LED 샤워기

투명 디스플레이

다른 예

동질성: 대상물을 똑같은 재료 혹은 동일한 특성을 가진 재료와 상호 작용하는 물체를 만드는 것으로 마찰열을 이용한 '마찰 용접'이나 '얼음 컵'이 있다.

마찰 용접

얼음 컵

다른 예

폐기 및 재생: 기능을 완수한 대상물의 일부를 폐기하거나, 고갈되었거나 소모된 부품은 그 즉시 복구하는 것으로 '알약형 캡슐'이나 '샤프'가 있다.

알약형 캡슐

샤프

 다른 예

속성 변환: 시스템의 물리적 상태, 농도나 밀도, 유연성의 정도를 변화시키거나 온도나 부피를 변화시키는 것으로 '액체 비누'나 '압력 밥솥'이 있다.

액체 비누

압력 밥솥

💡 다른 예

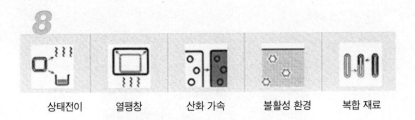

| 상태전이 | 열팽창 | 산화 가속 | 불활성 환경 | 복합 재료 |

상태전이: 상태전이 과정에서 생기는 부피 변화, 열의 손실 또는 흡수 현상을 이용하는 것으로 '열기관'이나 '손난로'가 있다.

열기관   손난로

다른 예

열팽창: 물질의 열팽창 또는 수축을 이용하는 것으로 '바이메탈'이나 '열기구'가 있다.

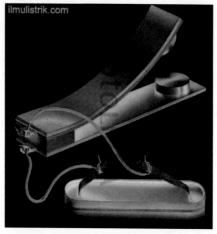

바이메탈

열기구

💡 **다른 예**

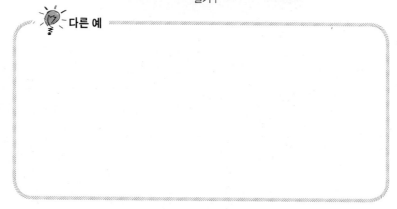

산화 가속: 일반 공기를 산소가 풍부한 공기로 대체하거나 산소가 풍부한 공기를 순수 산소로 대체하는 것으로 물속에 '오존'을 공급하여 물을 정화하거나 살균하는 방법이나 '휴대용 산소통'이 있다.

오존처리 하지 않은(90일 후)   오존처리(90일 후)

💡 다른 예

불활성 환경: 문제를 일으키는 물질을 불활성 상태로 만드는 것으로 용기 내부를 진공으로 하는 '진공 포장'이나 형광등에 불활성 기체를 채워서 뜨거운 금속 필라멘트가 연소되는 것을 막는 '아르곤 충전등'이 있다.

진공 포장

아르곤 충전등

다른 예

복합 재료: 균일 재료를 복합 재료 특성을 융합하여 극단적인 특성을 조합하는 것으로 '초전도체'나 기존의 알루미늄 캔을 가격을 낮추기 위하여 플라스틱과 '복합재료로 사용한 캔'이 있다.

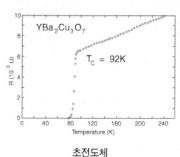

초전도체   복합캔

다른 예

창의적 생각과 특허

A patent, or invention, is any assemblage of technologies or ideas that you can put together that nobody put together that way before.

- Dean Kamen -

창의적 생각

예전에는 커피 컵은 열전도율이 매우 낮은 스티로폼으로 만들었지만, 환경적인 문제와 건강의 문제로 인하여 지금은 거의 사용하지 않는다. 지금 사용하는 종이컵도 스티로폼 컵 정도는 아니지만, 열전도율이 낮아 두꺼운 종이로 만들고 종이컵의 윗부분은 동글하게 말아 입술이 종이에 베이지 않게 하였다.

일반적으로 많은 커피 전문점에서 종이컵을 잡을 때 뜨겁지 않도록 종이컵 겉에 얇은 종이로 만든 홀더를 끼우고 뚜껑으로 닫아 준다.

홀더와 뚜껑에 있는 창의적인 생각을 살펴보자. 홀더는 안을 올록볼록하게 하여 컵과 홀더의 접촉면을 줄이고, 홀더 중간에 공기층이 있어 홀더가 뜨겁지 않게 하였다. 뚜껑은 걸어갈 때 커피가 흘리는 것도 방지하지만, 뚜껑을 닫으면 뜨거운 공기가 커피를 감싸서 커피가 식는 것을 방지한다.

디자이너 장우석은 밋밋한 뚜껑을 사람의 코와 입술 모양으로 제작한 창의적 생각이 담긴 키스 컵 뚜껑을 만들었다.[41] 이처럼 창의적인 생각은 과학적 지식이 필요하기도 하지만, 누구나 쉽게 할 수 있기도 하다.

홀더   키스 컵

창의적 생각의 보호

창의적 생각에 대한 재산적 가치는 2012년 이후 계속되고 있는 삼성과 애플 간 특허 소송이 대표적인 사례다. 애플은 트레이드 드레스 등 애플의 창의적 생각을 침해하였다고 삼성을 법원에 고소하였다.

트레이드 드레스란 특정 제품의 모양이나 크기 색깔 등 고유한 분위기를 의미하는 창의적인 생각으로 법의 보호를 받을 수 있다. 이를 근거로 1심에서 삼성은 특허 침해로 애플에 피해를 주었다며, 10억 5천만 달러 배상금을 부과받았다. 하지만 이후 상황이 조금씩 달라지고 있다.

삼성 갤럭시 S   아이폰 3

창의적 생각 만들기

우리는 평소 다른 사람의 창의적인 생각을 접하면 나도 할 수 있는
데 하는 생각을 하지만, 막상 내가 하려고 하면 아무 생각도 나지 않
는 경우가 있다. 즉, 창의적으로 문제를 해결해야 할 때 뭔가 떠오르
지는 않고 답답할 때가 많다. 우리의 뇌는 익숙한 것을 좋아하여 길
을 가더라도 가던 길로만 가는 것이 당연하게 여겨진다. 이때 연결을
통하여 창의적으로 생각하는 방법을 사용해 보자.

우선 표에 집에 있는 실외용품, 실내용품, 학습용품, 완구, 재활용품을 10개씩 적고, 그중 2개씩 연결하였을 때 나오는 결합 단어 중 가장 창의적인 단어를 우측 맨 끝에 적어 보자.

	실외용품	실내용품	학습용품	완구	재활용품	창의적 아이디어
1						
2						
3						
4						
5						
6						
7						
8						
9						
10						

특허 출원하기

지금까지 창의성에 대한 다양한 내용과 사례, 창의적인 사람의 특징과 창의성을 키울 수 있는 간단한 방법을 알아보았다. 또한 창의성을 전문적으로 키우는 방법을 알아보았고, 이를 이용하여 창의적인 아이디어를 만들어 보았다. 이제 창의적인 아이디어와 특허 출원을 연결하는 것도 창의성의 중요한 활동이다.

특허의 요건

산업재산권은 특허권, 실용신안권, 의장권, 상표권을 말하며 창작자에게 일정 기간 독점적·배타적 권리를 부여하는 대신 그 기간이 지나면 누구나 이용할 수 있도록 하여 기술진보와 산업발전을 추구하는 데에 그 의의가 있다. 그중 특허를 받기 위한 요건으로 자연법칙을 이용한 기술적 창작물로 산업성, 신규성, 진보성을 갖추어야 한다.[42]

한 번에 두 잔

한 번에 여러 종류

산업성이란 어떤 산업 분야에서 이용될 수 있는 가능성을 의미한다. 이때 산업은 공업뿐만 아니라 1차 산업이나 3차 산업도 포함하는 넓은 개념으로 해석되고 있다. 특히 최근에는 모든 창의적인 작품이 특허의 대상이 된다고 할 만큼 확대되는 추세를 보이고 있다.

신규성이란 새로움을 갖추는 것으로 일반인에게 알려졌거나 이용 가능하게 되어 있지 않은 새로운 것을 의미하며 한 번에 두 잔, 한 번에 여러 종류도 이에 속한다.

진보성이란 기존의 발명품에 비하여 기술적 진보가 있거나, 기술적 진보가 없더라도 목적의 차별성이 있거나 효과가 양적으로 현저하게 증대를 의미한다.

아이디어 검색

아이디어를 가지고 있으면 특허출원서를 작성하기에 앞서 우선 자신의 아이디어와 유사한 아이디어가 있는지 검색해 보아야 한다. 만약 나의 아이디어가 이미 존재하는 아이디어와 유사하다면 특허의 요건 중 신규성을 만족하지 못하므로 특허청에서 등록을 거절한다. 따라서 선행기술조사가 중요한데 선행기술조사는 특허정보검색서비스 '키프리스'에서 검색하면 쉽게 조사할 수 있다.

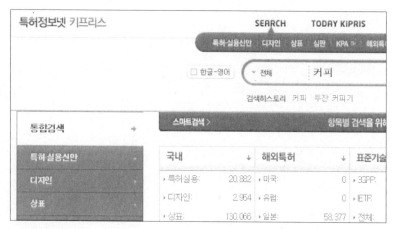

키프리스 검색

키프리스 검색창에 커피를 입력해 보면 커피와 관련하여 국내외에서 등록한 내용을 볼 수 있다. 검색한 결과 자신의 아이디어가 세상에 존재하지 않거나 기존의 아이디어보다 진보성이 뛰어나다면 이제 특허출원을 할 수 있다.

특허 등록하기

① 출원인 코드 받기: 출원인 코드는 특허청에서 사용되는 주민등록번호와 비슷한 것으로 출원인이 학생인 경우 법정대리인과 학생이 각각 출원인 코드를 받는다.

② 특허출원서 작성하기: 출원인 코드를 받았으면 특허출원서에 성명, 출원인 코드, 발명의 명칭을 입력한다. 미성년자인 경우 법정대리인의 성명, 출원인 코드를 함께 입력한다. 수수료는 자동 계산되는데 중고생의 경우 면제감면대상을 클릭한 뒤에 수수료 면제/감면 유형에서 수수료 면제, 수수료 면제 근거에서 초중등교육법 제2조, 혹은 만 6세 이상 만 19세 미만인 자를 선택한다.

③ 명세서 작성하기: 발명의 명칭에 한글과 영문 이름을 넣는다. 기술분야, 배경이 되는 기술에는 발명하게 된 동기를 자세하게 적는다. 해결하고자 하는 과제에는 발명의 목적을 적고, 과제의 해결수단에 아무 내용이나 한 줄만 써도 된다. 발명의 효과 칸에는 아이디어가 낼 수 있는 효과를 적고, 도면이 있으면 각 도면마다 간단한 설명을 한 줄씩 적는다. 발명을 실시하기 위한 구체적인 내용은 명세서 작성 시 가장 중요한 것은 발명의 상세한 설명으로 자세하고 풍부하게 적는 것이 출원 후 등록심사를 받을 때 편리하다.

KeapsP1.1 2015-11-21

4201506988831011101000000000000000

특허출원서

【출원구분】 특허출원

【출원인】

　【성명】 조영욱

　【출원인코드】 4-2015-070018-3

【법정대리인 등】

　【성명】 조재현

　【출원인코드】 4-2015-069888-3

【발명의 국문명칭】 치약찌꺼기를 제거하는 칫솔

【발명의 영문명칭】 Of removing the paste residue toothbrush

【발명자】

　【성명】 조영욱

　【출원인코드】 4-2015-070018-3

【출원언어】 국어

【심사청구】 청구

위와 같이 특허청장에게 제출합니다.

　　　법정대리인 조재현　　　　　　(서명 또는 인)

특허출원서

【명세서】
【발명의 명칭】
　한글 (영문)

【기술분야】
　본 발명은 (　　)한 것으로, 더욱 상세하게는 (　　)에 관한 것이다.

【발명의 배경이 되는 기술】
　일반적으로 (　　)입니다.
　그러나 종래의 (　　) 문제점을 갖게 되었다

【선행기술문헌】
【특허문헌】
　국내 등록실용신안공보 제10-2011-0023017 2012년 09월 25일

【발명의 내용】
【해결하고자 하는 과제】
　따라서 본 발명은 상기와 같은 종래의 문제점을 해결하기 위한 것으
로서, (　　)할 수 있어 (　　)함에 목적이 있습니다.

【과제의 해결 수단】
　본 발명은
　사용자가 칫솔을 잡을 수 있는 칫솔 몸통(100);
　상기 칫솔 몸통(100)과 연결되고 솔이 있는 하단부분(200);
　상기 칫솔 몸통(100)과 솔이 있는 하단부분(200)을 연결할 수 있는
접합부(300);

【발명의 효과】
　본 발명은 (　　) 문제점을 해결할 수 있는 효과를 갖고 있다.

【도면의 간단한 설명】

【발명을 실시하기 위한 구체적인 내용】
상기한 바와 같이 본 발명의 구성을 첨부한 도면에 의해 상세히 설명하면 다음과 같다.
도 1은 본 발명 (   )를 나타내기 위한 사시도를 도시한 것이다.
본 발명은 일정 형태로 제작된 (   ) (100);
본 발명에서 상기 (   )(100)은 플라스틱 제품으로 하고 사용자가 손에 잡기 쉬운 일자 형태로 제작한다.

이처럼 상기와 같이 본 발명의 실시한 예에 대하여 상세히 설명하였으나, 본 발명의 권리 범위는 이에 한정되지 않으며, 본 발명의 실시한 예와 실질적으로 균등의 범위에 있는 것까지 본 발명의 권리 범위가 포함되는 것은 당연하다.

【부호의 설명】
100: 칫솔 몸통
200: 하단 부분
300: 접합부
400: 구멍

【특허청구범위】
【청구항 1】
사용자가 칫솔을 잡을 수 있는 칫솔 몸통(100);
상기 칫솔몸통(100)과 연결되고 들어 올릴 수 있는 솔이 있는 하단부분(200);
칫솔 몸통(100)과 솔이 있는 하단부분(200)을 연결할 수 있는 접합부(300);
하단부분(200)을 들어 올려 솔을 통과할 수 있는 구멍(400);
로 구성되는 것을 특징으로 하는 치약 찌꺼기를 제거하는 칫솔

명세서 작성법이 어렵다면 자신의 아이디어와 유사한 아이디어를 키프리스에서 찾아 공개된 전문을 다운받은 후 참고하며 작성하면 된다.

④ 요약서 작성하기: 요약서는 명세서가 기술정보로서 쉽게 활용될 수 있도록 하기 위하여 발명을 요약 정리하는 서류로서 출원서류에 첨부한다. 요약서에는 발명 내용이 이해될 수 있도록 10줄 이상 20줄 이내로 간결하게 발명을 요약 기재하면 된다.

【요약서】
【요약】
본 발명은 사용자가 칫솔을 잡을 수 있는 칫솔 몸통(100);
상기 칫솔 몸통(100)과 연결되고 들어 올릴 수 있는 솔이 있는 하단부분(200);
칫솔 몸통(100)과 솔이 있는 하단부분(200)을 연결할 수 있는 접합부(300);
하단부분(200)을 들어 올려 솔을 통과할 수 있는 구멍(400);으로 구성되는 것을 특징으로 하는 치약 찌꺼기를 제거하는 칫솔 본 발명은 칫솔은 치약을 바르고 양치를 하고 나면 칫솔 사이사이에 치약 찌꺼기가 남아 있어 비위생적인 문제점을 해결할 수 있는 효과를 갖게 되었다.

⑤ 도면 작성하기: 도면은 발명의 실시의 형태를 그 구조나 동작을 보다 이해하기 쉽게 구체적으로 표현한 것으로서, 도면의 각 부분은 선을 이용하여 도면 부호를 부여하고 상세한 설명에서는 이 도면 부호를 이용하여 발명을 설명한다.

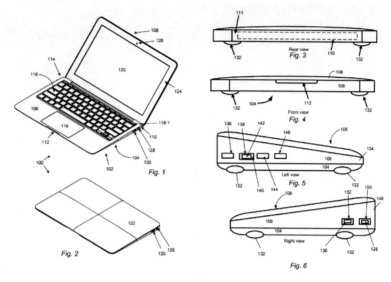

애플의 맥북 특허도면

⁂ 출원하기: 특허의 출원은 서면 출원과 온라인 출원이 있다. 서면 출원은 작성된 서류를 특허청에 직접 제출하거나 우편으로 접수하는 것이고, 온라인 출원은 특허청의 특허로 홈페이지를 이용하여 바로 출원하는 것이다. 출원하게 되면 접수증 및 출원번호 통지서가 교부되며, 통지서에는 고유의 접수번호와 출원번호가 기재된다.

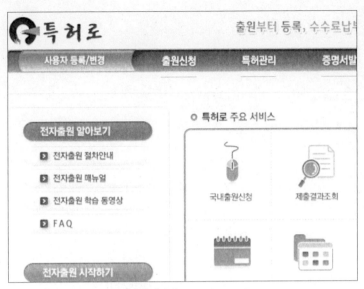

특허로 홈페이지 www.patent.go.kr

⑦ 특허청 운영 특허 출원 길잡이

www.kipo.go.kr/kpo/service/flash/kipo.vm

1) http://times.postech.ac.kr/news/articleView.html?idxno=275

2) http://www.newworldencyclopedia.org/entry/Creativity

3) http://galton.org/books/hereditary-genius/

4) http://www.managementgeneral.ro/pdf/2_2013_4.pdf

5) http://plato.stanford.edu/entries/poincare/

6) https://espace.library.uq.edu.au/view/UQ:9183

7) http://web.stanford.edu/~alinde/

8) https://kathrynwelds.com/tag/creativity/

9) http://www.ted.com/talks/susan_cain_the_power_of_introverts

10) http://www.fastcompany.com/3032028/the-future-of-work/

11) http://introvertsdilemma.com/tag/steve-jobs/

12) http://dividendrealestate.com/pinball/

13) http://workwithpetah.com/ben-franklins-daily-planner/

14) http://blog.samsung.co.kr/4524/

15) http://www.kascon27.com/dennis-hong/

16) http://www.campuslife.co.kr/news/articleView.html?idxno=8198

17) http://www.ncbi.nlm.nih.gov/pmc/articles/PMC3682183/

18) https://ebooks.adelaide.edu.au/h/hogarth/william/trusler/chapter24.html

19) http://www.mayo.edu/transform/talks/2012

20) http://leonpero.tistory.com/745

21) http://humairahmed.com/blog/?p=5711

22) https://en.wikipedia.org/wiki/Yesterday_(Beatles_song)

23) http://www.animalresearch.info/en/medical-advances

24) http://www.nytimes.com/1988/08/16/science

25) http://www.madamcjwalker.com/bios/madam-c-j-walker/

26) http://www.sewalot.com/elias_howe.htm

27) http://www.nicklaus.com/facts-and-figures/the-majors/

28) http://www.imdb.com/title/tt0787524/

29) http://www.imsdb.com/scripts/Good-Will-Hunting.html

30) http://news.sbs.co.kr/news/endPage.do?news_id=N1002987630

31) https://en.wikipedia.org/wiki/Ditloid

32) http://creativitygames.net/creativity-games/648-rolling-relationships

33) http://creativitygames.net/creativity-games/675-life-without

34) http://creativitygames.net/creativity-games/638-rolling-doubles

35) http://www.irle.berkeley.edu/workingpapers/167-08.pdf

36) https://www.mindtools.com/pages/article/newSTR_91.htm

37) http://medicine.tistory.com/39

38) https://www.triz.co.uk/

39) http://www.ideationtriz.com/history.asp

40) http://blogsabo.ahnlab.com/1319

41) http://bwissue.com/news/136447

42) http://www.kipo.go.kr/home/portal/nHtml/Info/InfoLawPatentA01.html